PREMIÈRES NOTIONS

DE

GÉOMÉTRIE

DU MÊME AUTEUR :

Premières Notions d'histoire naturelle. 11e édit. 1 vol. in-12, cart. 2 50

Premières Notions de cosmographie. 2e édit. 1 vol. in-12, avec fig. 1 50

Premières Notions de physique et de météorologie. 1 vol. in-12, avec fig., cart. . . . . 3 »

Menus Propos sur les sciences. 3e édit. . . . . 2 »

L'Aluminium. . . . . » 25

Récentes Conquêtes de la science, 1868, 1869, avec le concours de MM. Ch. Gaumont, H. de Parville, Victor Meunier, Stanislas Meunier, Paul de Rémusat et Aristide Roger. . . . . 1 »

Les Conférences du quai Malaquais, avec le concours de MM. Louis Jourdan, Ernest Morin, Ch. Sauvestre, Thévenin et Vulpian. 1 50

Simples Discours sur la terre et sur l'homme (*couronné par l'Académie française*). 1 vol. in-12. . . . . . . 3 »

Menus Propos sur les sciences. In-8, illustré par Benassit.
Broché. . . . . 5 »
Richement relié. 6 50

Sceaux. — Imp. M. et P.-E. Charaire.

DÉPÔT LÉGAL
N° 81
1876

PREMIÈRES NOTIONS DE GÉOMÉTRIE

PAR

M. FÉLIX HÉMENT
Licencié ès sciences mathématiques,
Inspecteur de l'enseignement primaire à Paris,
Lauréat de l'Académie française,

ET

M. JULES DALSÈME
Ancien élève de l'École polytechnique,
Professeur de mathématiques à l'École normale primaire de Paris.

BIBLIOTHÈQUE NATIONALE
R.F.
IMPRIMÉS

DEUXIÈME ÉDITION

Ouvrage adopté pour les écoles de la ville de Paris

PARIS
LIBRAIRIE CH. DELAGRAVE
58, RUE DES ÉCOLES, 58

1876

Tout exemplaire de cet ouvrage non revêtu de notre griffe sera réputé contrefait.

AVERTISSEMENT

En publiant les *Premières notions de géométrie*, nous poursuivons le but que nous nous sommes depuis longtemps proposé, qui est de rendre l'accès de la science facile à ceux qui débutent.

Sans doute il existe un grand nombre d'ouvrages bien conçus et bien exécutés, mais ils conviennent à ceux qui possèdent déjà quelques notions, et ils répondent le plus souvent à certains programmes d'école ou d'examen. Ce qui manque le plus, ce sont les livres vraiment élémentaires destinés à faire faire les premiers pas dans la science, ne renfermant que les notions essentielles exposées méthodiquement, et exprimées dans un langage simple, correct et précis.

Nous essayons de remplir cette lacune, tout en reconnaissant qu'il s'agit d'une besogne difficile et délicate, qui exige tout à la fois une longue expérience des choses de l'enseignement et le don de vulgarisation.

L'enfant qui aborde l'étude des mathématiques est dans la situation d'un homme transporté soudainement dans un pays étranger dont il ne connaît pas la langue. Ce n'est pas ce qu'on y dit qu'il ne comprend pas, mais la manière dont on le dit et les termes qu'on emploie pour le dire. Les premières difficultés tiennent à la langue géométrique plus qu'à la géométrie elle-même. D'autres difficultés naîtront plus tard des subtilités des géomètres ou d'une prétendue rigueur à apporter dans les démonstrations.

Les géomètres ont le tort, en s'adressant aux commençants, de ne pas se servir du langage ordinaire pour exposer les vérités géométriques, afin d'arriver peu à peu, au fur et à mesure que l'intelligence de l'enfant se développe et que son esprit mûrit, à substituer à l'expression familière de la langue usuelle une forme de langage plus précise et plus nette et, partant, appropriée à la science. En un mot, il faut enseigner selon le mode naturel, c'est-à-dire procéder du connu à l'inconnu, ou plus exactement, du concret à l'abstrait, et dégager du fait matériel la notion abstraite qu'il contient. C'est l'esprit dans lequel ont été conçues les *Premières notions de géométrie.*

Veut-on un exemple : disons que la notion du *volume* est fournie par des objets usuels tels qu'un ballot de marchandises, une pierre de taille, un sac de blé; pour faire comprendre l'idée de *surface*, nous faisons observer que si l'on cire un parquet, si l'on peint un plafond, c'est la surface que l'on cire ou que l'on peint; qu'en général la surface de tout corps peut être représentée par une feuille de papier extrêmement mince qui recouvre le corps de toutes parts. La *ligne* est d'abord figurée par un brin de fil, puis par un trait; c'est le contour d'une roue qui donnera la première notion de la *circonférence;* les rails d'un chemin de fer montrent ce que sont des *parallèles*, etc.

Si humble que paraisse ce point de départ, et bien que nous nous adressions d'abord aux sens pour pénétrer jusqu'à l'esprit, la géométrie ne perdra rien de sa rigueur. L'expression donnée en dernier lieu, soit d'une définition, soit d'un théorème, sera toujours donnée en langage géométrique.

Ajoutons que les figures sont en harmonie avec le texte qu'elles complètent. L'objet dont on parle se trouve représenté, et, à côté, on peut voir la figure linéaire qui en est la reproduction géométrique.

Un de nos anciens élèves, M. Jules Dalsème, qui occupe un rang distingué dans l'enseignement, a bien voulu nous prêter le concours de ses lumières spéciales en cette matière, et qui nous ont été particulièrement utiles pour mettre dans l'exécution de ce petit traité ce qui peut en faire le principal mérite, à savoir la mesure qu'il convient de garder lorsqu'on initie les enfants à une science abstraite.

Puisse ce nouveau volume suivre ses aînés dans la voie où ils sont si heureusement engagés.

PREMIÈRES NOTIONS DE GÉOMÉTRIE

PREMIÈRES DÉFINITIONS.

Sommaire : Volume. — Surface. — Ligne. — Point. — Géométrie. — Résumé.

Volume. — Les divers objets répandus autour de nous tiennent une place plus ou moins grande. C'est cet espace occupé par chaque objet ou chaque corps qu'on appelle son *volume*.

Fig. 1. — Volumes.

Nous savons qu'un volume s'évalue en mètres cubes si l'on mesure des pierres, du bois, etc., ou en litres, s'il s'agit de liquides, tels par exemple que les boissons dont nous faisons usage, ou de grains, comme le blé, l'orge, l'avoine, etc.

Surface. — Lorsqu'on manie un corps, c'est sa surface que l'on touche; d'un corps opaque c'est la surface que l'on voit; lorsqu'on vernit un meuble, lorsqu'on peint un mur, lorsqu'on blanchit un plafond, c'est de la surface du meuble, du mur ou du plafond qu'il s'agit.

La *surface* d'un corps est donc ce qui le limite dans tous les sens.

Les objets creux, comme les vases, nous offrent l'exemple d'une surface extérieure et d'une surface intérieure.

Pour se figurer la surface d'un objet, il faut imaginer une feuille de papier sans épaisseur qui le recouvrirait en s'appliquant sur tous les points comme une sorte de vêtement collant.

Fig. 2. — Volumes.

On évalue généralement les surfaces en mètres carrés. Pour la mesure des champs, on emploie l'are ou décamètre carré.

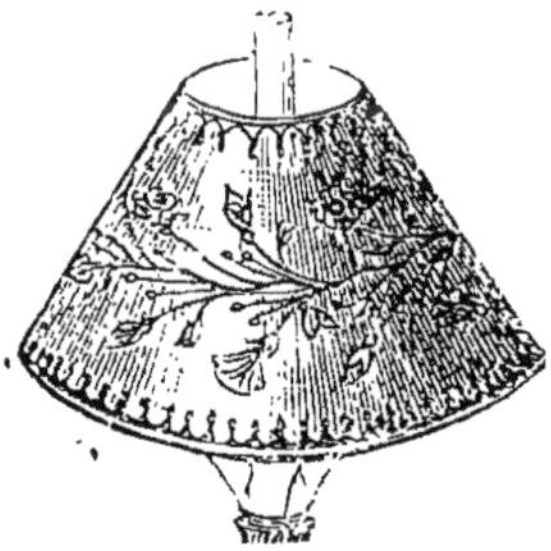

Fig. 3. — Surface.

Ligne. — Ce qu'on appelle vulgairement le contour ou le bord des surfaces est une *ligne* ou une suite de *lignes*. Ainsi le bord d'une rivière est la ligne qui sépare le rivage de l'eau. Cette ligne peut être représentée par un fil très-fin qui suit fidèlement le bord. C'est dans ce sens qu'il faut entendre les sinuosités d'une rivière.

Le bord ou le contour d'une table est comme une sorte de fil appliqué tout autour [1].

Fig. 4. — Surface extérieure.

La *ligne* est donc ce qui limite les surfaces.

Par la pensée, on peut détacher pour ainsi dire les lignes des surfaces dont elles forment les contours. Rien n'empêche dès lors d'en étudier les propriétés et les combinaisons indépendamment des surfaces. De même, les surfaces pourront être représentées par des feuilles de papier de

1. De là les expressions border, bordure, aborder

même forme, et sans qu'il soit nécessaire de se préoccuper des corps dont elles sont pour ainsi dire détachées. Elles sont

Fig. 5. — Lignes; les bords et les sinuosités de la rivière.

comme l'enveloppe du corps, comme la peau d'un fruit par rapport au fruit.

C'est de la sorte qu'on peut étudier les propriétés des surfaces isolément.

Fig. 6. — Point et rond-point.

Point. — On emploie souvent dans la conversation le mot *point* comme synonyme des mots *lieu* ou *endroit*. Ainsi on dit : Vers quel point vous dirigez-vous ? — C'est dans le même sens qu'on dit : le point de croisement de deux routes, pour indiquer l'espace commun aux deux routes à l'endroit où elles se rencontrent, ou encore le *rond-point*, s'il y a rencontre de plusieurs routes ou avenues, et que le point de croisement soit une place circulaire.

Au lieu de routes ou d'avenues, généralement assez larges, supposons qu'il s'agisse de petits chemins ou de sentiers, le point de croisement sera un tout petit espace, d'autant plus petit que les chemins seront plus étroits.

Enfin, si l'on imagine les routes réduites à n'être que de simples lignes, leur point de rencontre ou mieux d'intersection, c'est-à-dire le point où elles se *coupent*, est un point tel qu'on l'entend en géométrie.

On voit par là qu'un point n'a pas d'étendue en réalité. Cependant, comme il faut pouvoir représenter les points isolément, c'est-à-dire indépendamment des lignes, on les figure en piquant légèrement une feuille de papier avec la pointe d'un crayon ou avec une aiguille fine. Au tableau noir, le crayon est remplacé par la craie.

Fig. 7. — Point.

Géométrie. — Les volumes, les surfaces et les lignes ont des formes diverses, et, par suite, des propriétés particulières à chacune de ces formes. Ainsi les propriétés de la sphère ne sont pas celles du cube; de même toute ligne courbe ne jouit pas des propriétés de la circonférence. La géométrie a pour but d'étudier ces propriétés diverses, mais l'objet principal de cette science, c'est la mesure des volumes, des surfaces et des lignes.

RÉSUMÉ.

Le volume d'un corps est l'espace qu'il occupe.

La surface d'un corps est ce qui le limite dans tous les sens.

Les surfaces n'ont point d'épaisseur.

Une ligne est ce qui limite une surface. Une ligne n'a d'étendue qu'en longueur.

Le point résulte de l'intersection de deux lignes. Un point n'a aucune étendue.

La géométrie est la science qui a pour but l'étude des propriétés ainsi que la mesure des volumes, des surfaces et des lignes.

DES DIVERSES SORTES DE LIGNES.

SOMMAIRE. — Ligne droite. —Ligne brisée. — Ligne courbe. — Circonférence, cercle, centre. — Divisions de la circonférence. — Rayons, diamètres. — Arc corde, flèche. — Résumé.

Ligne droite. — Fixez un fil à un clou par une de ses extrémités, puis faites passer le fil à travers un anneau également fixe. Le fil étant d'abord lâche, tirez-le par le bout libre, vous verrez la portion comprise entre le clou et l'anneau diminuer de longueur de plus en plus, jusqu'à ce que le fil soit complétement tendu entre les deux points fixes.

Le fil figure alors la ligne droite qui unit les deux points, et l'on voit par là que la *ligne droite* est le plus court chemin d'un point à un autre.

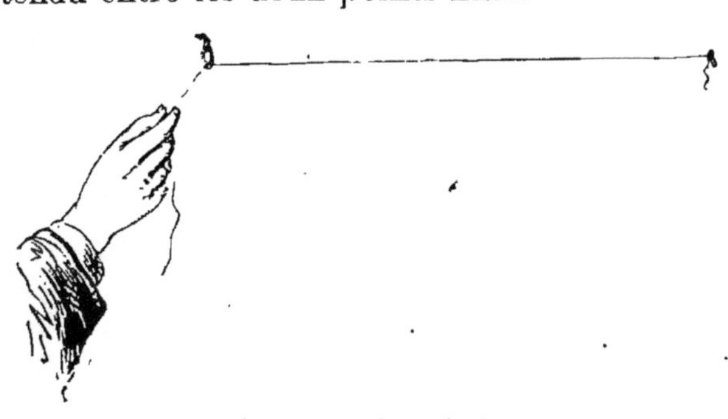

Fig. 8. — Ligne droite.

Lorsque les peintres d'enseignes veulent tracer une ligne droite, ils prennent une ficelle, la frottent de craie, puis la tendent fortement sur l'enseigne ou sur le mur. Ceci fait, ils saisissent la ficelle, l'éloignent un peu du tableau et l'abandonnent ensuite à elle-même ; elle fouette vivement l'enseigne ou le mur en y laissant une trace blanche qui est une ligne droite.

On trace ordinairement une ligne droite au moyen de la [illegible] ffit d'ailleurs de connaître deux points de cette ligne [illegible] passer le bord de la règle par ces deux points.

Pour désigner une ligne droite tracée sur le tableau ou sur

Fig. 9. — Les peintres traçant sur une ligne droite.

le papier, on écrit une lettre à chaque extrémité et on énonce successivement les deux lettres. Ainsi on dira : la ligne AB. On dit également : le point A ou l'extrémité A de la ligne AB.

A ——————————— B

Fig. 10. — Ligne droite et règle.

Ligne brisée. — Une suite de lignes droites dont l'ensemble est vulgairement appelé zigzag n'est

Fig. 11. — Ligne brisée : l'éclair.

pas une nouvelle espèce de ligne, mais une ligne composée. On lui a donné le nom de *ligne brisée*, comme si c'était une ligne droite qu'on eût brisée sans toutefois en séparer les morceaux.

Nous en avons des exemples dans la nature : la forme la plus ordinaire de l'éclair ou encore celle des canaux, de la plupart des rues d'une ville, ou des lettres M, N, Z.

Fig. 12. — Ligne brisée.

Ligne courbe. — Mais les lignes qui se présentent le plus souvent dans la nature ne sont ni droites ni brisées; ce sont des *lignes courbes* qu'on ne définit pas autrement que nous venons de le faire, en disant : une ligne courbe est une ligne qui n'est ni droite ni brisée. Pourtant on peut, en la divisant en un très-grand nombre de parties, regarder ces parties comme des portions de lignes droites.

Nous avons des exemples de lignes courbes dans les sinuosités d'une rivière, le contour des feuilles, des plantes, celui des membres des animaux.

Tandis que toutes les lignes droites se ressemblent et ne diffèrent que par la longueur, on remarque la plus grande variété dans les lignes courbes. C'est qu'en effet une ligne droite ne saurait être plus ou moins droite, tandis que les lignes courbes peuvent être courbes très-diversement.

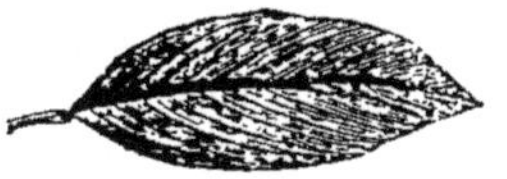

Fig. 13. — Ligne courbe : feuille d'arbre.

Concavité; convexité. — Si l'on regarde une ligne courbe, ou bien elle semble creuse, ou bien elle paraît bombée : dans le premier cas, on dit qu'elle est *concave* ou présente sa *concavité,* dans le second, qu'elle est *convexe* ou présente sa *convexité.*

Fig. 14. — Ligne courbe concave et convexe

Il est clair que la même courbe est convexe d'un côté et concave de l'autre.

Circonférence, cercle, centre. — Parmi les lignes courbes, il en est une remarquable par sa régularité, c'est celle qui forme le contour d'une roue, d'une poulie, d'un cadran d'horloge, d'une pièce de monnaie, etc., et qu'on appelle *circonférence.*

Tous les points de cette ligne sont à égale distance d'un point situé à l'intérieur, nommé *centre* ou vulgairement milieu.

La surface comprise ou enfermée dans la circonférence se nomme *cercle*. Le dessus d'une table ronde est un cercle; le bord de la table en est la circonférence.

Fig. 15. — Circonférence; la roue.

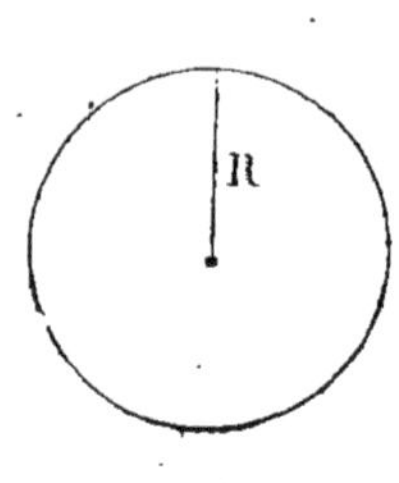

Fig. 16. — Rayon.

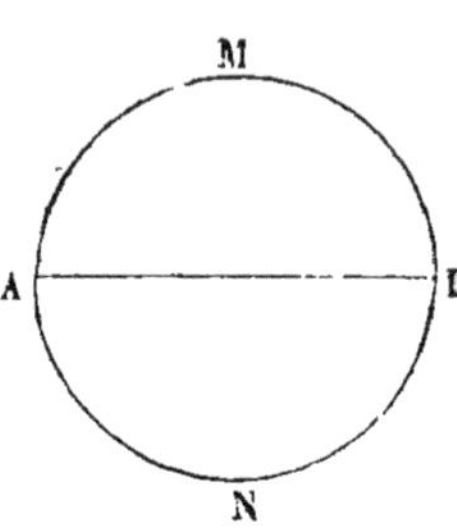

Fig. 17. — Diamètre.

Rayons, diamètres. — Toute ligne droite qui joint le centre à un point de la circonférence est un *rayon*. C'est dans ce sens que les barres qui unissent le moyeu d'une roue à la jante ont été nommées rayons.

Si l'on prolonge un rayon quelconque de manière à atteindre le bord opposé de la circonférence, on obtient une ligne qui traverse le cercle en passant par le centre et qui a ses extrémités à la circonférence. C'est ce qu'on nomme un *diamètre*.

Fig. 18. — Le compas.

Le nombre des rayons comme celui des diamètres est illimité. Tous les rayons d'une même circonférence sont égaux entre eux, tous les diamètres sont aussi égaux et doubles du rayon.

Tout diamètre coupe la circonférence et le cercle en deux moitiés (fig. 17).

Pour tracer une circonférence sur le papier, on se sert du compas. L'écartement des deux branches qu'on nomme ouverture de compas mesure d'une pointe à l'autre la longueur du rayon.

Lorsqu'un jardinier veut tracer une circonférence sur le terrain, il fixe l'une des extrémités d'une corde à un poteau qui est planté au centre. A l'autre extrémité est une fiche ou tige de bois qui joue le rôle de crayon, et que le jardinier promène sur le sol en maintenant la corde constamment tendue et en tournant autour du poteau.

Fig. 19. — Jardinier traçant une circonférence.

La fiche décrit une circonférence dont la longueur de la corde est le rayon.

Arc, corde, flèche. — Détachons par la pensée une portion d'une circonférence et nous aurons un *arc*. La ligne

Fig. 20. — L'arc, la corde et la flèche

droite qui unit les extrémités de l'arc se nomme *corde*. La ligne qui va du milieu de l'arc au milieu de la corde porte le nom de *flèche*.

Il est facile de se rendre compte de ces expressions géométriques en observant la ressemblance que ces lignes ont avec les diverses parties de l'arc qui, après avoir servi d'arme, est devenu un jouet.

C'est dans ce sens qu'on dit en langage géométrique que la corde sous-tend l'arc ou que l'arc est sous-tendu par la corde.

Divisions de la circonférence. — On partage toute circonférence en 360 parties égales nommées *degrés*. Chaque degré se divise à son tour en 60 parties égales ou *minutes*, et chaque minute en soixante *secondes*.

Naturellement la longueur des divisions varie avec la grandeur de la circonférence. Aussi, lorsqu'on compare deux arcs entre eux, ils doivent appartenir à la même circonférence ; de même un arc ne peut être comparé qu'à la circonférence à laquelle il appartient en quelque sorte [1].

Pour désigner les divisions de la circonférence on les écrit ainsi : ° (degrés), ′ (minutes), ″ (secondes). Ainsi 25° 35′ 25″ s'énonce 25 degrés, 35 minutes, 25 secondes.

1. Toute circonférence contient 360° ou $360 \times 60 = 21600$ minutes ou $21600 \times 60 = 1296000$ secondes.

Étant donné le nombre de degrés, minutes ou secondes que contient un arc, il est facile de savoir quelle fraction il est de la circonférence dont il fait partie. Exemple : Un arc contient 25° 34′ 40″ ; quelle portion est-il de la circonférence ?

Cherchons d'abord combien cela fait de secondes en tout. $1° = 60'$; $25° = 25 \times 60 = 1500$; ajoutons les 34′, cela fait : 1534′. Mais $1' = 60''$; donc $1534' = 1534 \times 60'' = 92040''$ plus les 40″, en tout 92080″.

Il ne s'agit que de comparer 92080 à 1296000. Cet arc est donc une partie de la circonférence représentée par la fraction $\frac{92080}{1296000} = \frac{1151}{16200}$.

Nous avons pris à dessein le cas le moins simple, car la question sera bien plus facile à résoudre si l'arc est exprimé en degrés seulement. Si par exemple il s'agit d'un arc de 28°, il est les $\frac{28}{360}$ de la circonférence.

Pour comparer deux arcs entre eux, on emploiera les mêmes moyens.

Pour faire l'addition ou la soustraction des arcs, de même que pour les multiplier par un certain nombre, il ne faudra pas oublier que les degrés, minutes et secondes ne sont pas des parties décimales d'une même unité. Par exemple, dans l'addition, on ne retiendra un degré qu'autant qu'on aura soixante minutes.

RÉSUMÉ.

La ligne droite est le plus court chemin d'un point à un autre.

La ligne brisée est une ligne composée de lignes droites.

On appelle lignes courbes celles qui ne sont ni droites ni composées de lignes droites.

La circonférence est une ligne courbe dont tous les points sont également distants d'un point intérieur, appelé centre.

Le cercle est la surface limitée par la circonférence.

Un rayon est une ligne droite qui joint le centre à un point quelconque de la circonférence. Tous les rayons d'une circonférence sont égaux.

Un diamètre est une ligne qui traverse de part en part la circonférence, en passant par le centre et s'arrêtant à la circonférence.

Tout diamètre divise la circonférence et le cercle en deux parties égales.

Un arc est une portion de circonférence. La droite qui en joint les extrémités porte le nom de corde.

La ligne qui joint le milieu de l'arc à celui de la corde est la flèche.

On divise la circonférence en 360 parties égales nommées degrés, chaque degré en 60 minutes, chaque minute en 60 secondes.

LES ANGLES ET LEUR MESURE.

Sommaire. — Angle, sommet, côtés. — Angles adjacents. — Perpendiculaire; angle droit, angle aigu, angle obtus. — Angles opposés par le sommet. — Conséquences. — Exemples. — Mesure des angles. — Remarque. — Faire un angle égal à un angle donné. — Valeur de quelques angles. — Rapporteur. — Résumé.

Angle, sommet, côtés. — Quand une rue change brusquement de direction, on dit qu'elle fait un coude, ou, plus exactement, un *angle.*

Fig. 21. — Angle de deux rues.

L'angle est d'autant plus marqué que la nouvelle direction diffère plus de la première.

Ce n'est pas la longueur des deux parties de la rue qui fait la grandeur de l'angle, mais uniquement la différence de leurs directions.

Remplaçons maintenant les deux parties de la rue par les deux lignes formées par le bord du trottoir, nous obtiendrons un *angle.*

Un *angle* est donc la figure formée par deux lignes droites partant d'un même point. Ce point commun est le *sommet* de l'angle, dont les deux lignes droites sont les *côtés.*

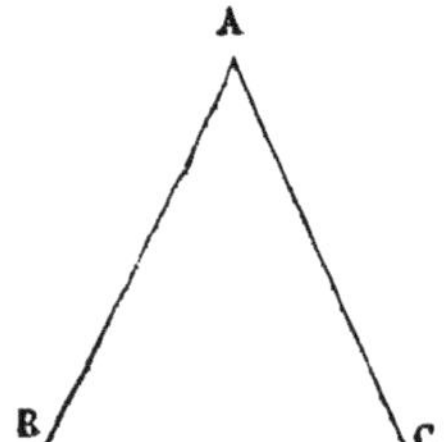

Fig. 22. — Angle.

Pour désigner un angle tracé sur le papier ou sur le tableau, on se sert de trois lettres, une à l'extrémité de chaque côté, la troisième au sommet. On les énonce comme si l'on suivait les côtés en partant d'une quelconque des extrémités. Ainsi l'on dira l'angle BAC ou l'angle CAB.

Cependant on pourra se borner à désigner un angle par

la lettre du sommet seulement, lorsqu'il n'en pourra résulter aucune confusion. Dans ce cas on dira simplement l'angle A.

Angles adjacents. — Si une rue débouche dans une autre, elle forme avec celle-ci deux angles, l'un d'un côté, l'autre de l'autre, l'un en deçà du point de rencontre, l'autre au delà de ce point. La première rue forme, pour ainsi dire, un côté commun à ces deux angles.

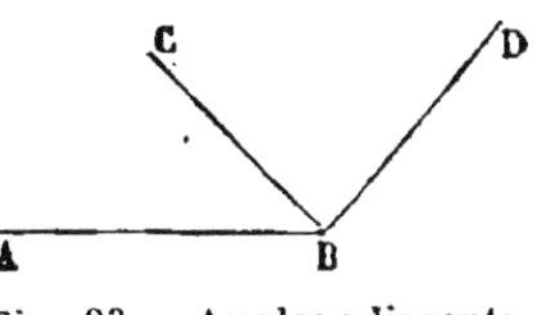

Fig. 23.— Angles adjacents.

Remplaçons les rues par des lignes, et nous aurons deux angles qui ont un côté et le sommet communs. On nomme ces angles *angles adjacents*. Le côté commun est une sorte de mur mitoyen.

Les côtés non communs ne sont pas nécessairement en ligne droite comme dans l'exemple cité plus haut d'une rue qui débouche dans une autre; si, par exemple, plusieurs rues débouchent dans un même carrefour, elles forment des angles adjacents en plus ou moins grand nombre et dont les côtés non communs ne sont pas en ligne droite.

Perpendiculaire; angle droit, angle aigu, angle obtus. — Lorsqu'une ligne droite en rencontre une autre et forme ainsi avec elle deux angles adjacents, il arrive de deux choses l'une, ou les deux angles sont inégaux ou ils sont égaux. Dans ce dernier cas, les angles se nomment *droits*, et la première ligne est perpendiculaire à l'autre.

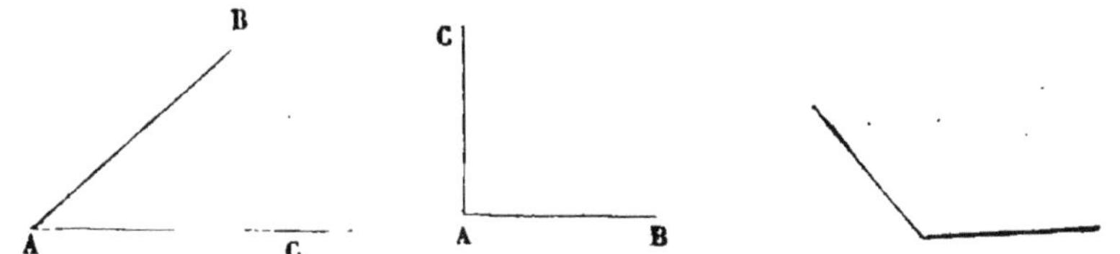

Fig. 24. — Angle aigu. Fig. 25. — Angle droit. Fig. 26.— Angle obtus.

Si les angles sont inégaux, le plus petit se nomme angle *aigu*, le second angle *obtus*. Ces dénominations sont à elles seules des définitions.

On voit que l'angle aigu est plus petit que l'angle droit et l'angle obtus plus grand.

Angles opposés par le sommet. — Un angle étant tracé, si l'on prolonge ses côtés au delà du sommet, on en forme un second égal au premier. Ces deux angles sont dits *opposés par le sommet.*

On peut donc définir deux angles opposés par le sommet, deux angles dont l'un est formé par les côtés de l'autre prolongés, ou si l'on préfère, les angles non adjacents formés par deux lignes qui se coupent.

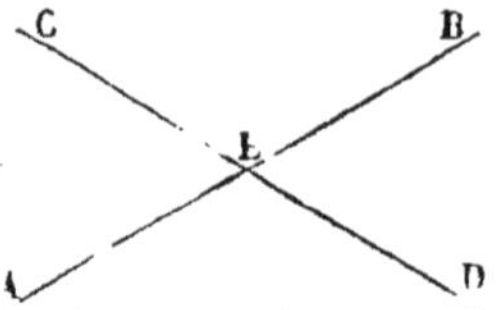

Fig. 27. — Angles opposés par le sommet.

Les mêmes lignes forment deux autres angles aussi opposés par le sommet et qui sont adjacents aux premiers. Si les premiers sont aigus, les deux autres sont obtus ou inversement. Si les deux premiers sont droits, les deux autres le sont également et l'on a quatre angles droits autour du même point, qui est leur sommet commun.

Conséquence. — Il suit de ce qui précède que si une ligne est perpendiculaire à une autre, celle-ci à son tour est perpendiculaire à la première. Il n'y a qu'à prolonger cette première ligne pour rendre la chose évidente.

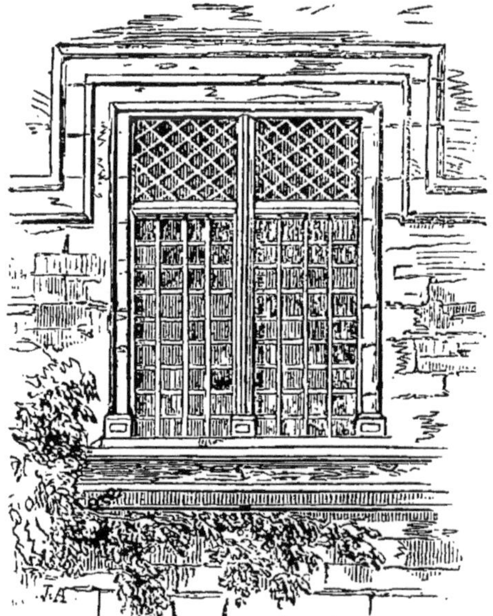

Fig. 28. — Perpendiculaires ; une croisée.

Exemples. — Nous avons de nombreux exemples de lignes se croisant perpendiculairement : le signe + de l'arithmétique, le chassis d'une croisée ou d'un vitrage, les deux côtés d'une équerre ou le *té* de dessinateur, etc.

Mesure des angles. — Entre deux rayons d'une roue se trouve comprise une portion de la jante, ce qui revient à dire que deux rayons interceptent un arc de la circonférence de la roue.

Plus le nombre des rayons est grand, plus les angles sont petits ainsi que les arcs interceptés. Si la roue compte huit rayons, deux rayons consécutifs comprennent entre leurs extrémités un arc qui est la huitième partie de la circonférence, soit 45°. Si la roue compte douze rayons, chaque angle interceptera le douzième $\left(\frac{1}{12}\right)$ de la circonférence (360°) ou 30°.

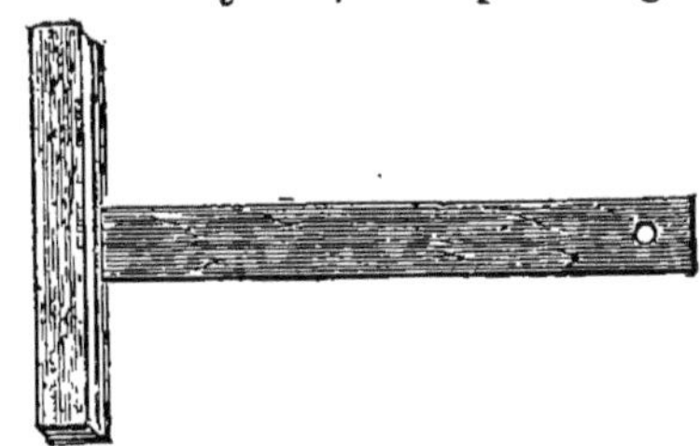

Fig. 29. — Perpendiculaires; un te.

Tout angle s'évalue ainsi en degrés au moyen de l'arc compris entre ses côtés. Il suffit de le regarder comme placé au centre d'une circonférence, ce qui revient à décrire du sommet comme centre, et avec un rayon quelconque, un arc de cercle. Le nombre de degrés ou fractions de degré contenus dans l'arc intercepté est la mesure de l'angle même.

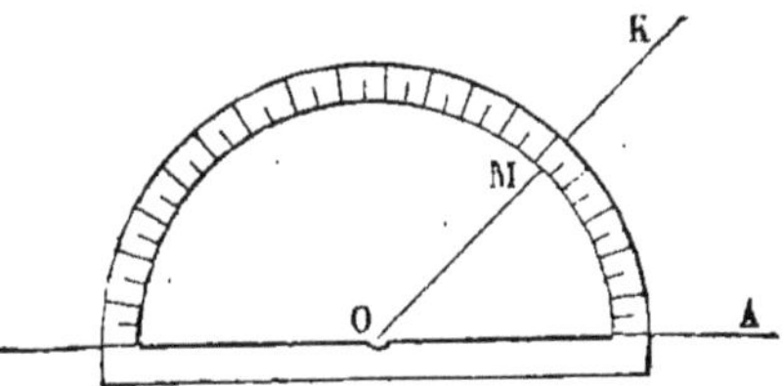

Fig. 30. — Mesure d'un angle.

Remarque. — Nous venons de dire que le rayon est quelconque, et, en effet, quelle qu'en soit la longueur, la mesure de l'arc ou de l'angle reste la même. Avec un rayon plus grand, on a bien, à la vérité, un arc plus grand, mais le nombre de divisions qu'il contient est le même, les divisions sont seulement plus grandes.

Ainsi les arcs interceptés sur le moyeu de la roue par les rayons contiennent le même nombre de degrés que ceux interceptés sur la jante.

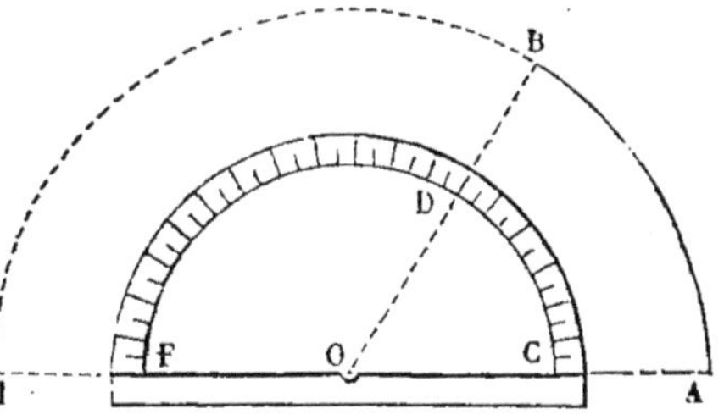

Fig. 31.
Angle comprenant deux arcs différents.

Faire un angle égal à un angle donné. — Il est facile, en se rapportant à ce qui précède, de construire un angle égal à un angle déjà tracé.

On décrit, du sommet de l'angle donné comme centre, et avec un rayon quelconque, un arc de cercle *ac* limité aux deux côtés de l'angle. Puis, du point N que l'on veut prendre pour sommet du second angle, on décrit un arc de cercle *mp* avec le même rayon, et l'on porte sur cet arc une longueur de corde *m*P égale à celle de l'arc *ac* tracé entre les côtés de l'angle donné.

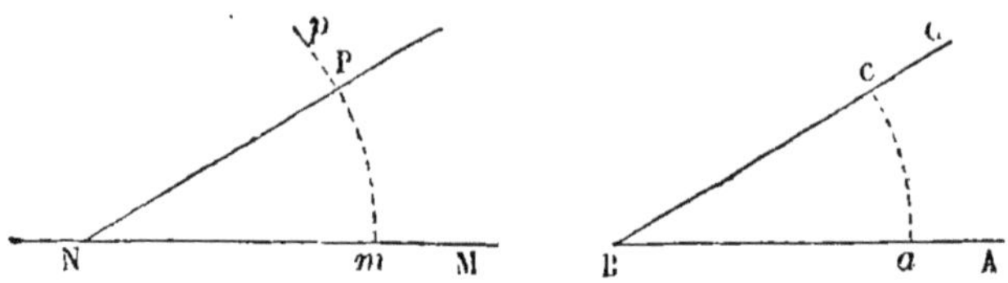

Fig. 32. — Angles égaux.

Il n'y a plus qu'à joindre le sommet N de l'angle demandé aux deux points *m* et P ainsi déterminés.

Valeur de quelques angles. — D'après ce qui précède, on voit facilement que l'angle droit vaut 90°.

On voit également que deux angles adjacents dont les côtés non communs sont en ligne droite valent ensemble 180° ou deux angles droits.

Enfin la somme des angles autour d'un point, quel qu'en soit le nombre, vaut 360°, c'est-à-dire la circonférence tout entière.

Rapporteur. — Le *rapporteur* est un petit instrument en corne ou en métal qui permet de tracer un angle d'un nombre de degrés déterminé. C'est un demi-cercle divisé en 180 degrés. On place le centre au point qui doit être le sommet de l'angle et le diamètre sur l'un des côtés ; il ne s'agit plus que de marquer sur le bord du demi-cercle le point qui répond au nombre de degrés demandé et de joindre ce point au sommet.

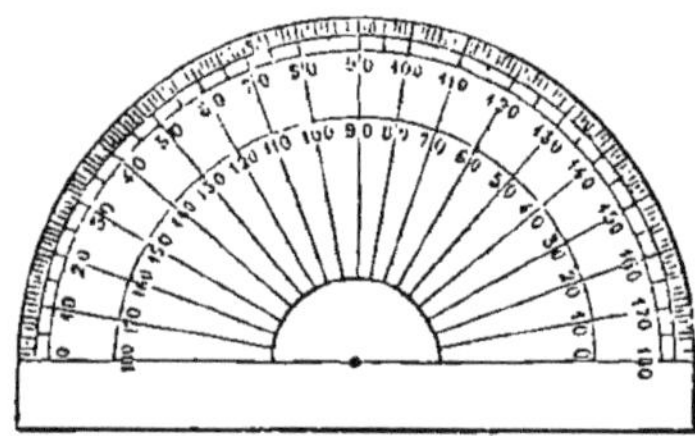

Fig. 33. — Rapporteur.

RÉSUMÉ.

Un angle est la figure formée par deux lignes droites partant d'un même point. Ce point s'appelle le sommet de l'angle, et les deux lignes, les côtés.

Deux angles sont dits adjacents lorsqu'ils ont le sommet et un côté communs.

Un angle droit est formé par deux lignes perpendiculaires l'une à l'autre.

Deux lignes droites sont perpendiculaires l'une à l'autre lorsqu'elles forment des angles adjacents égaux.

On nomme angle aigu un angle plus petit que l'angle droit; angle obtus un angle plus grand.

Deux angles opposés au sommet sont tels que l'un est formé par les côtés de l'autre prolongés ; ces deux angles sont égaux.

Un angle se mesure par le nombre de degrés de l'arc compris entre ses côtés, en supposant le sommet de l'angle au centre de la circonférence dont cet arc fait partie.

L'angle droit vaut 90°. La somme de deux angles adjacents dont les côtés non communs sont en ligne droite vaut 180°. La somme des angles formés autour d'un point vaut 360°.

C'est à l'aide de l'arc compris entre les deux côtés d'un angle donné que l'on peut tracer un second angle qui lui soit égal.

LA PERPENDICULAIRE ET LES OBLIQUES.

SOMMAIRE. — Définitions. — Distance d'un point à une droite. — Obliques s'écartant également ou inégalement du pied de la perpendiculaire. — Perpendiculaire menée par le milieu d'une droite.

PROBLÈMES.

Moyen d'élever une perpendiculaire à une ligne donnée et passant par le milieu. — Par un point pris sur une ligne droite, lui mener une perpendiculaire. — D'un point pris hors d'une droite, mener une perpendiculaire à cette droite. — Usage de l'équerre. — Résumé.

Définitions. — Nous avons dit qu'une ligne droite est perpendiculaire à une autre lorsqu'elle forme avec celle-ci deux angles adjacents égaux qu'on nomme angles droits.

Ayant pris le point O sur la droite[1] AB, nous pouvons mener ou *élever* la perpendiculaire DO, mais elle est unique. On ne peut mener par ce point qu'une seule perpendiculaire à la ligne AB.

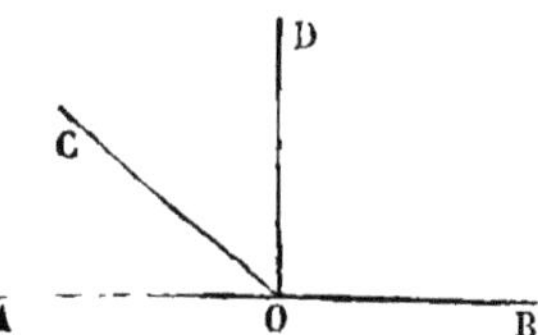

Fig. 34. — Perpendiculaire et oblique.

Au lieu de choisir le point O sur la ligne, on peut le prendre au dehors et *abaisser* la perpendiculaire au lieu de l'élever, mais on n'en pourra également mener qu'une seule.

Toute autre ligne passant par le point O est dite *oblique*. Ainsi CO est une oblique.

Tandis qu'on ne peut mener par le point O qu'une perpendiculaire, on peut, au contraire, mener autant d'obliques qu'on le voudra.

Distance d'un point à une droite. — La perpen-

1. *Droite* est mis pour ligne droite; c'est une abréviation.

diculaire OD, menée du point D à la droite AB, est plus courte que toutes les obliques qui, partant de ce point, aboutissent à la droite AB. Pour cette raison, la perpendiculaire mesure la distance du point à la droite.

Obliques s'écartant également ou inégalement du pied de la perpendiculaire. — Quant aux obliques, elles sont de longueurs différentes, d'autant plus grandes qu'elles s'écartent davantage du *pied* B de la perpendiculaire. Si BC est plus grand que BG, CA est plus grand que AG. (Fig. 35).

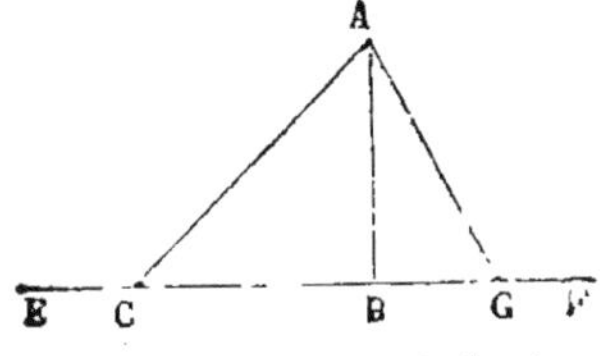

Fig. 35. — Obliques inégales.

Si l'on prend deux obliques, l'une d'un côté, l'autre de l'autre de la perpendiculaire, et s'en écartant de la même quantité, ces deux obliques sont égales. Ainsi BC étant égal à BG, AC = AG. Pour s'en convaincre, il n'y a qu'à plier la figure en deux suivant AB. (Fig. 36).

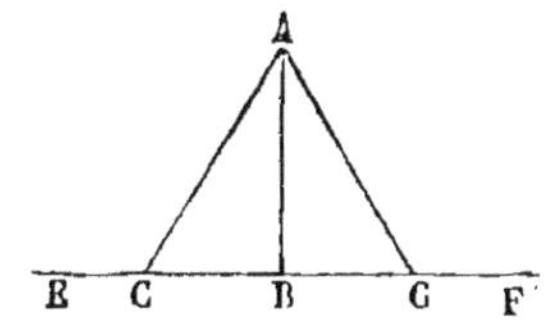

Fig. 36. — Obliques égales.

Perpendiculaire menée par le milieu d'une droite. — D'après ce qui précède, si, par le milieu d'une ligne, on fait passer une perpendiculaire à cette ligne, tous les points de la perpendiculaire sont à égale distance des extrémités de la ligne. Ainsi tous les points de DC sont à égale distance de A et de B. (Fig. 37).

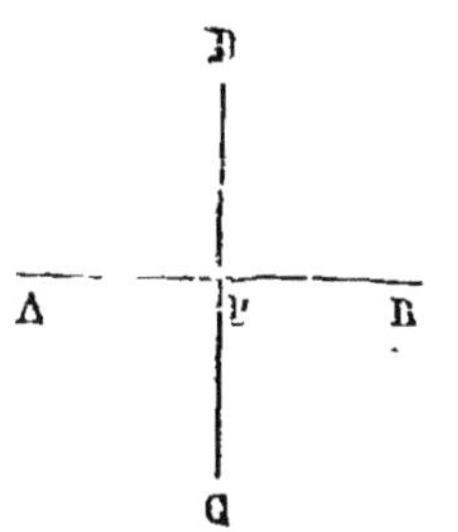

Fig. 37. — Perpendiculaires.

De là vient que si l'on peut trouver deux points à égale distance de A et de B, il suffira de les joindre par une ligne droite pour obtenir tout à la fois et le milieu de AB et la perpendiculaire à AB passant par ce milieu.

C'est le problème que nous allons résoudre le premier.

PROBLÈMES.

Moyen d'élever une perpendiculaire à une ligne droite donnée et passant par le milieu. — De chaque extrémité de la droite comme centre, et avec un même rayon, on décrira deux arcs, l'un au-dessus, l'autre au-dessous de la ligne. Les deux arcs tracés au-dessus de la ligne se coupent en un point D, les deux autres arcs en un autre point C. On a donc deux points C et D à égale distance des extrémités A et B de la ligne. En joignant ces deux points, on obtient la droite CD qui passe au milieu P de AB et lui est perpendiculaire.

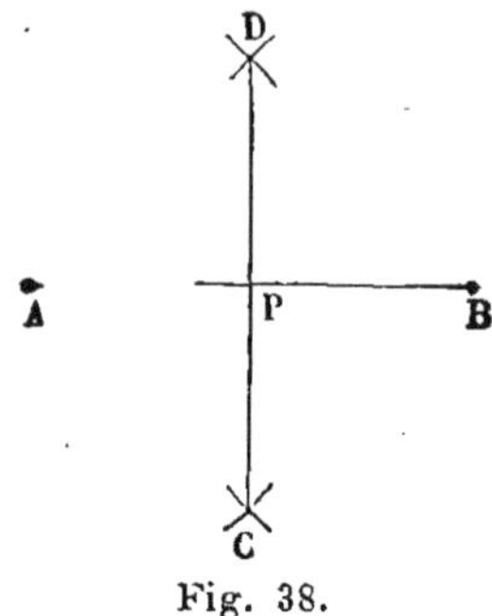

Fig. 38.

Ce problème nous permet de résoudre le problème suivant :

Par un point pris sur une ligne droite, lui mener une perpendiculaire. — Il s'agit de mener une perpendiculaire à la droite AB au point O. Il suffit de prendre, de part et d'autre du point O sur la ligne AB, les deux points C et B, à égale distance de O, de sorte que O se trouve être le milieu de la portion BC de la droite donnée. On se trouve alors ramené au cas précédent.

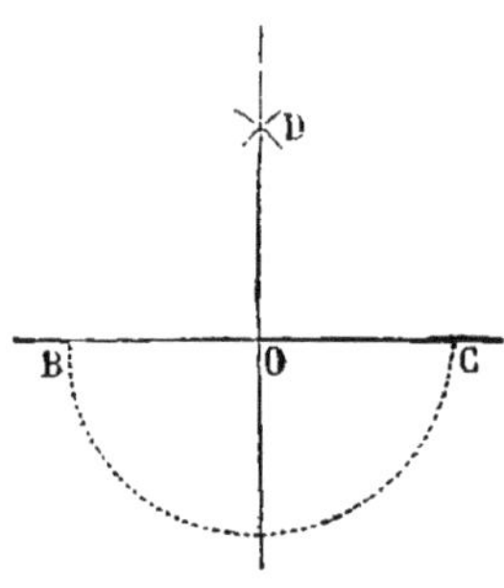

Fig. 39.

D'un point pris hors d'une droite, mener une perpendiculaire à cette droite. — Du point O comme centre, et le compas étant suffisamment ouvert, décrivons un arc qui coupe la ligne en deux points B, C. Il est clair que le point O est à égale distance de ces deux points. Dès lors, il n'y a plus qu'à déterminer un second point dans les mêmes conditions, ce que nous ferons en décrivant du point B et du point C des arcs de cercle qui se coupent en un point D, comme il a été dit dans le premier problème. On joindra ensuite le point O au point D.

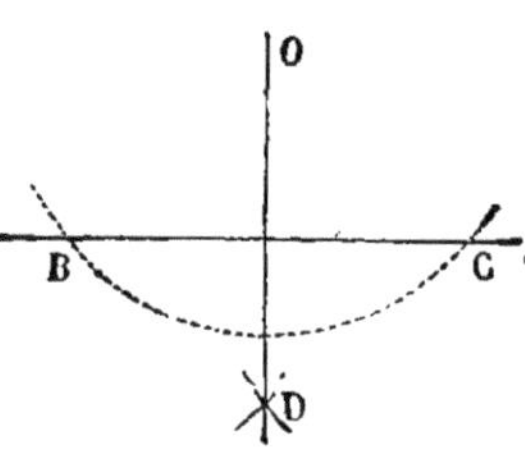

Fig. 40.

Usage de l'équerre. — Dans un grand nombre de cas, on emploie des moyens plus simples, mais moins rigoureux, pour résoudre les problèmes précédents. On se sert alors de l'*équerre*, mince planchette triangulaire dont deux bords sont perpendiculaires l'un à l'autre.

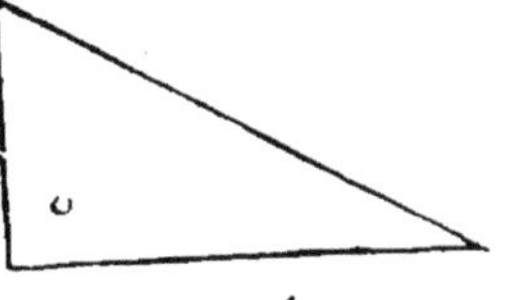

Fig. 41. — Équerre.

Lorsqu'on veut mener une perpendiculaire à une ligne à l'aide de l'équerre, on applique l'un des bords rectangulaires sur la ligne ; l'autre bord est alors perpendiculaire à la ligne, et le crayon, glissant sur ce bord, trace la perpendiculaire demandée.

Si cette perpendiculaire doit passer par un point sur la ligne ou hors de la ligne, on fera glisser l'équerre le long

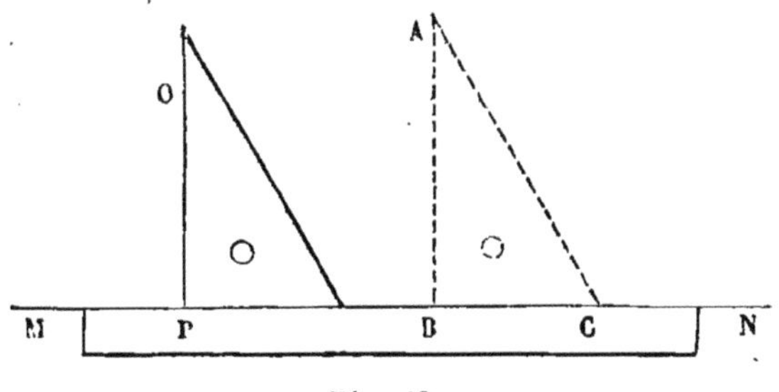

Fig. 42.

d'une règle appliquée contre la ligne et qui sert de guide, jusqu'à ce que le bord perpendiculaire vienne à passer par le point donné.

RÉSUMÉ.

D'un point pris sur une droite ou hors d'une droite, on ne peut mener qu'une seule perpendiculaire à cette droite.

Toute autre ligne est une oblique.

La perpendiculaire menée d'un point à une droite est plus courte que toute oblique menée de ce point à la droite. — Cette perpendiculaire mesure la distance du point à la droite.

Deux obliques qui s'écartent également du pied de la perpendiculaire sont égales.

Des obliques qui s'écartent inégalement sont inégales et d'autant plus longues qu'elles s'écartent plus.

DES PARALLÈLES.

SOMMAIRE. — Droites parallèles. — Courbes parallèles. — Si deux lignes sont perpendiculaires à une troisième, elles sont parallèles entre elles. — Remarque. — Conséquence. — Égalité des angles dont les côtés sont parallèles. — Usage de l'équerre pour tracer des parallèles. — Résumé.

Droites parallèles. — Chacun a pu remarquer que les deux rails d'une voie ferrée en ligne droite sont toujours à la même distance l'un de l'autre. Ils cheminent côte à côte,

Fig. 43. — Parallèles : les rails.

sans s'éloigner ni se rapprocher, et l'on peut imaginer qu'ils soient prolongés aussi loin que l'on veut, sans jamais se rencontrer.

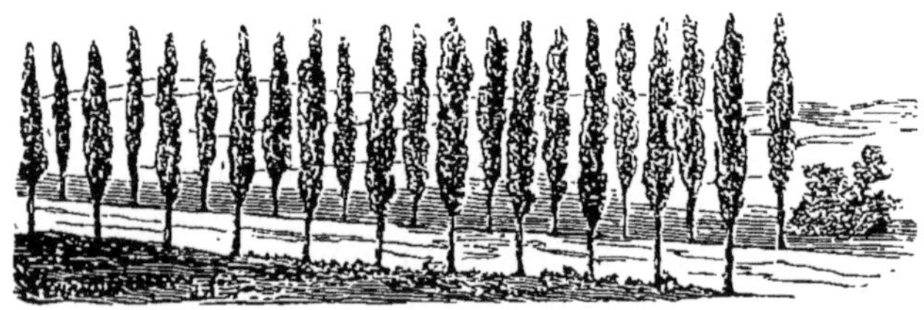

Fig. 44. — Parallèles : les bords de la route.

Si l'on suppose les rails remplacés par des lignes géométriques, on dira que ces lignes sont *parallèles*.

Les deux bords d'une route, les bords opposés d'une table rectangulaire sont parallèles, etc.

Observons que les rails du chemin de fer sont toujours de niveau, ou, pour parler plus exactement, sont dans un même plan. De même pour les bords de la table et ceux de la route.

Fig. 45. — Les barres parallèles.

Cette condition est essentielle ; deux lignes qui ne se rencontrent pas ne sont point nécessairement parallèles. Par exemple, l'un des bords d'une table et l'un des pieds du côté opposé, quelque loin qu'on les supposât prolongés, ne se rencontreraient pas, et pourtant ils ne sont point parallèles.

Nous dirons donc : deux lignes droites sont parallèles lorsque, situées dans un même plan, et prolongées indéfiniment, elles ne se rencontrent pas.

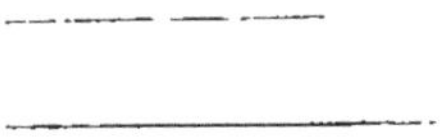

Fig. 46. Droites parallèles.

Elles sont partout également distantes.

Courbes parallèles. — On voit que ce qui caractérise deux parallèles, c'est d'être situées dans un même plan et toujours à égale distance. Ce caractère peut appartenir à des lignes courbes, comme, par exemple, deux circonférences ayant le même centre.

Lorsqu'une voie ferrée devient courbe, le parallélisme des rails ne cesse pas ; ni celui des bords d'une route, lorsque la route vient à tourner.

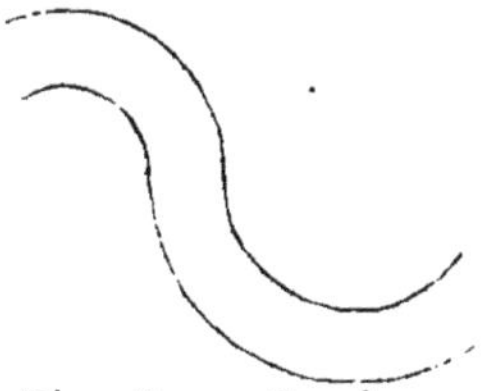

Fig. 47. — Courbes parallèles.

Si deux lignes sont perpendiculaires à une troisième, elles sont parallèles. — En effet, si les lignes AB et CD, perpendiculaires à EF, pouvaient se rencontrer en un point, de ce point il y aurait deux perpendiculaires abaissées sur la droite EF, ce qui est impossible.

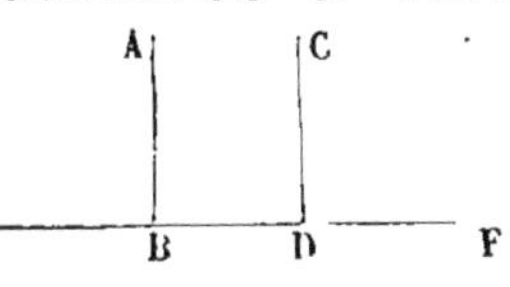

Fig. 48.

Remarque. — Il n'est pas d'ailleurs nécessaire que les deux lignes soient perpendiculaires à la troisième, il suffit qu'elles fassent, avec celle-ci, des angles égaux, pour être parallèles.

Ces angles se nomment *correspondants*.

Conséquence. — Il est bon de remarquer que si plusieurs lignes sont, chacune séparément, parallèles à une autre, elles sont toutes parallèles entre elles. Ainsi, dire que trois des rails d'un chemin de fer à deux voies sont parallèles au quatrième, c'est dire qu'ils sont parallèles tous les quatre en les combinant deux à deux de toutes les manières.

Égalité des angles dont les côtés sont parallèles. — Deux angles dont les côtés sont parallèles deux à deux sont égaux, que leurs ouvertures soient dirigées dans le même sens, ou que leurs ouvertures soient dirigées en sens contraire.

Premier cas. — Les deux angles sont ABC et DEF; les côtés AB, BC du premier sont parallèles aux côtés DE, EF du second. Si nous prolongeons ce côté DE jusqu'à sa rencontre (au point G) avec le côté AB du premier angle, nous formons un troisième angle CGD qui est égal à ABC, puisque DGC et ABC sont formés par deux lignes parallèles AB, DG, avec une troisième BC. L'angle DGC est aussi égal à DEF, car ils sont formés par deux lignes parallèles GC, EF, avec une troisième GD.

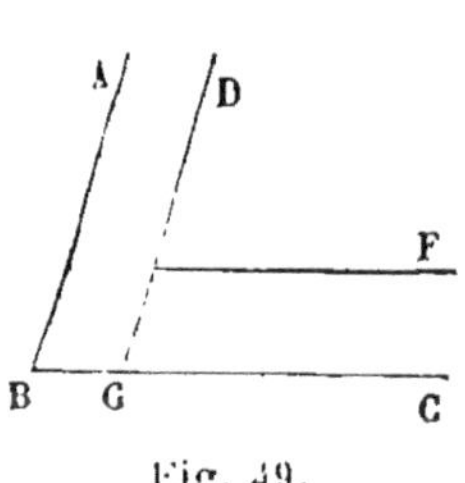

Fig. 49.

Les angles ABC, DEF, étant égaux tous deux à DGC, sont égaux entre eux.

Deuxième cas. — Les deux angles ABC, DEF, ont toujours les côtés parallèles, mais ils s'ouvrent en sens contraire, au lieu de s'emboîter, comme dans le cas précédent. Prolongeons les côtés de l'angle ABC, de manière à former l'angle GBH qui lui est opposé par le sommet : les angles ABC, GBH seront égaux.

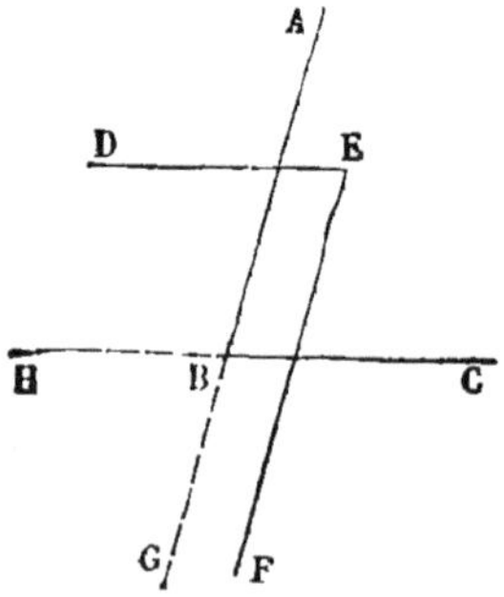

Or l'angle GBH et l'angle DEF, ayant leurs côtés parallèles et leurs ouvertures tournées dans le même sens, sont égaux.

Fig. 50.

Les angles ABC et DEF, tous deux égaux à l'angle GBH, sont donc égaux entre eux.

Usage de l'équerre pour tracer des parallèles. — Dans les arts du dessin, on a souvent besoin de résoudre le problème suivant :

Mener, par un point, une parallèle à une ligne droite donnée. — C'est à l'aide de la règle et de l'équerre que s'effectue la construction.

L'équerre est d'abord placée de manière qu'un de ses côtés coïncide avec la droite donnée. On applique la règle contre un des deux autres côtés ; il ne s'agit plus dès lors que de faire glisser l'équerre le long de la règle, en les maintenant

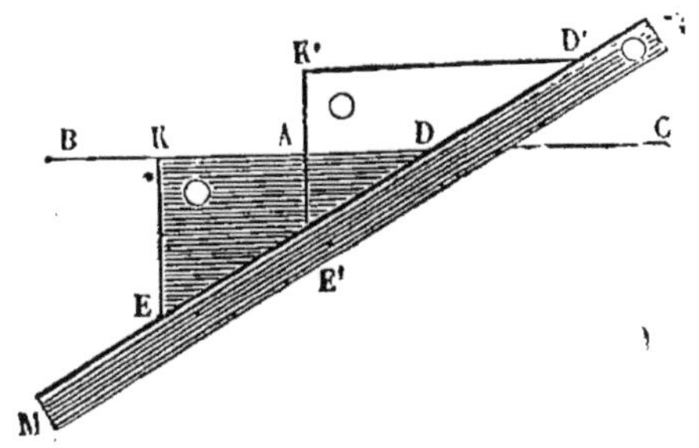

Fig. 51.

en contact, jusqu'à ce que le bord de l'équerre qui coïncidait primitivement avec la droite vienne à passer par le point donné.

Il n'y a plus maintenant qu'à laisser glisser le crayon le long du bord de l'équerre.

On peut ainsi mener à une droite autant de parallèles que l'on veut. En effet, l'équerre glissant tout d'une pièce, les diverses positions de son bord sont toutes parallèles à la droite donnée, et par conséquent parallèles entre elles.

RÉSUMÉ.

Deux droites sont parallèles lorsque, étant situées sur un même plan, elles ne se rencontrent pas, à quelque distance qu'on les prolonge.

Deux droites perpendiculaires à une troisième sont parallèles.

Les angles correspondants sont égaux.

Des droites séparément parallèles à une même droite sont parallèles entre elles.

Les angles dont les côtés sont parallèles deux à deux sont égaux s'ils ont leurs ouvertures dirigées dans le même sens ou dirigées en sens contraire.

A l'aide d'une règle et d'une équerre on peut tracer facilement à une droite donnée des parallèles, passant ou non par des points déterminés.

LA CIRCONFÉRENCE ET LES LIGNES QUI S'Y RAPPORTENT.

SOMMAIRE. — Relations des arcs avec leurs cordes. — De la perpendiculaire menée du centre sur une corde. — Un cercle ou un arc étant donné, en trouver le centre. — Faire passer une circonférence par trois points donnés. — De la tangente à la circonférence. — Positions relatives de deux cercles sur un plan. Relation entre la distance des centres et la somme ou la différence des rayons. — Résumé.

Relations des arcs avec leurs cordes. — Si dans une même circonférence ou dans des circonférences égales on découpe des arcs de même longueur, les cordes de ces arcs sont égales. Il est aisé de s'en assurer en les portant par la pensée les uns sur les autres, et bout à bout : arcs et cordes se recouvrent respectivement.

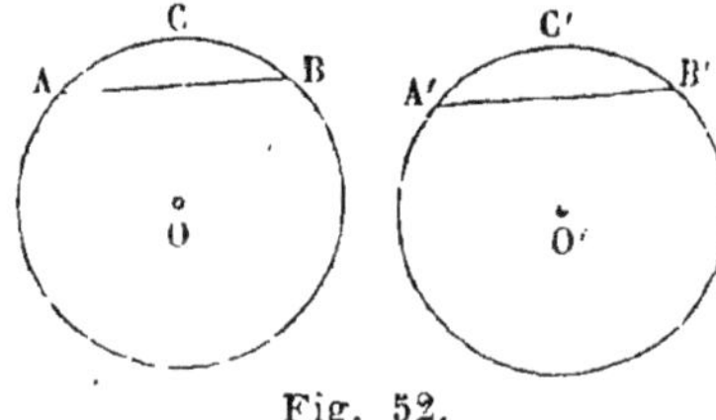

Fig. 52.

Mais si l'on découpe des arcs inégaux, leurs cordes sont inégales et au plus grand arc répond la plus grande corde.

De la perpendiculaire menée du centre sur une corde. — Si du centre d'un arc ou plutôt de la circonférence dont cet arc fait partie on mène une perpendiculaire à la corde de cet arc, cette perpendiculaire passe au milieu de la corde, car en joignant les extrémités communes de l'arc et de la corde au centre par les rayons OA, OB, ces deux lignes étant égales, si l'on plie la figure suivant OD, on verra OCB recouvrir exactement OCA et par suite CA=CB.

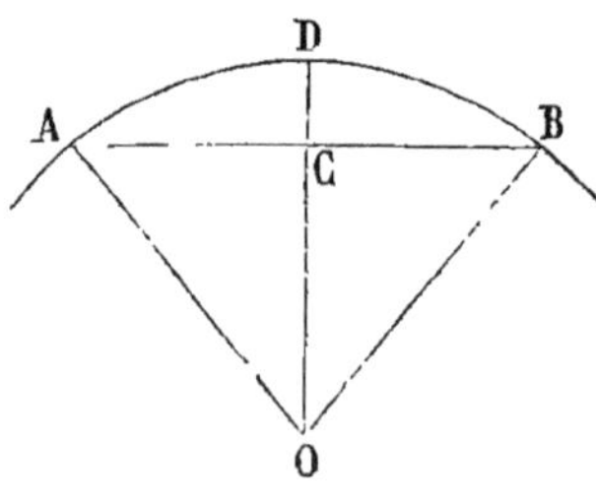

Fig. 53.

En prolongeant la perpendiculaire FC jusqu'à l'arc, on arrive au point D, qui est le milieu de l'arc. Il suffit, en effet, de plier la figure en deux suivant ED pour que l'arc AD recouvre l'arc DB.

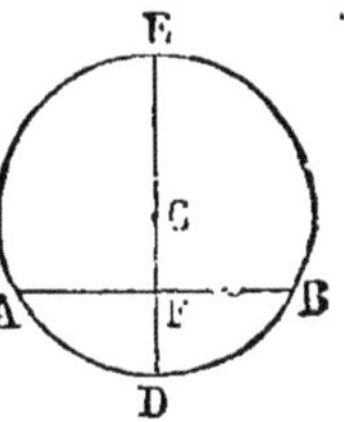

Fig. 54.

Donc le point milieu d'un arc, le point milieu de sa corde et le centre sont trois points en ligne droite. Ceci va nous permettre de trouver le centre d'un cercle tracé en totalité ou en partie.

Un cercle ou un arc étant donné, en trouver le centre. — Prenez trois points quelconques A, B, C, sur l'arc ou la circonférence ; menez les cordes AB et BC, il ne s'agit plus que de mener deux perpendiculaires, l'une à AB et l'autre à BC, passant chacune par le milieu de la corde à laquelle elle est perpendiculaire. Ces lignes devant passer toutes deux par le centre, le centre n'est autre que leur point de rencontre O.

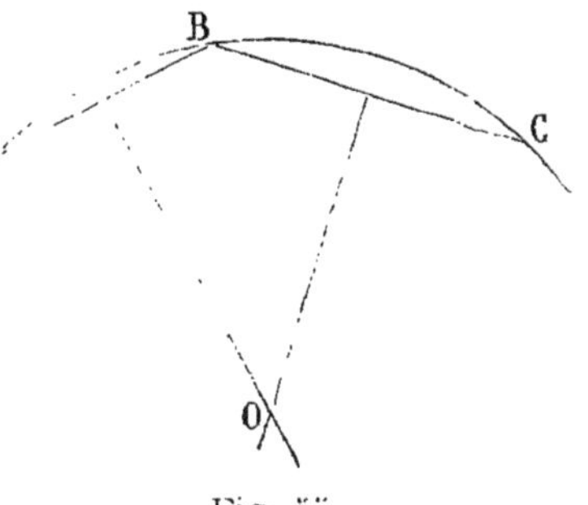

Fig. 55.

Faire passer une circonférence par trois points donnés. — Même procédé que le précédent : joindre les points par des droites, puis élever des perpendiculaires au milieu de chaque droite. Deux des droites suffisent, car il suffit de deux perpendiculaires pour obtenir le centre par leur rencontre.

Diviser un angle en deux parties égales. — Prenez, à partir du sommet de l'angle, sur ses côtés, deux longueurs égales AB, AC, en décrivant l'arc de cercle BC. Puis, des points B et C ainsi marqués, comme centres, décrivez deux petits arcs de cercle d'un même rayon, et joignez au sommet de l'angle le point D où se coupent ces deux petits arcs.

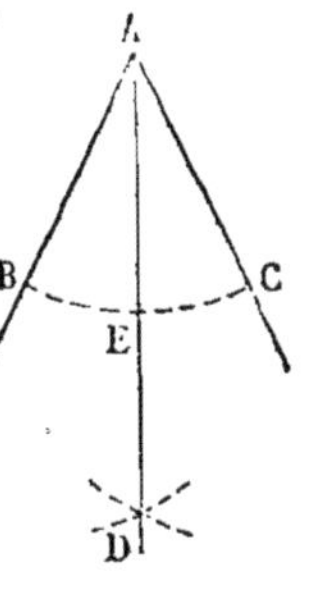

Fig. 56.

La ligne AD partage l'angle en deux parties égales. On l'appelle la *bissectrice* de l'angle BAC.

De la tangente à la circonférence. — Une ligne qui traverse la circonférence, une *sécante*, pour la désigner par son nom, rencontre la circonférence en deux points.

Ainsi AB rencontre la circonférence en C et en D. Imaginons qu'on fasse tourner AB autour du point C, comme une aiguille de montre tourne autour du centre du cadran. Le point D se rapproche du point C à mesure que AB tourne : il vient en E, puis en F, et enfin rejoint le point C lui-même, si bien que les deux points n'en font qu'un. A ce moment, la ligne n'a qu'un point de commun avec la circonférence, le point C, qui se nomme le *point de contact*, et la droite se nomme *tangente*.

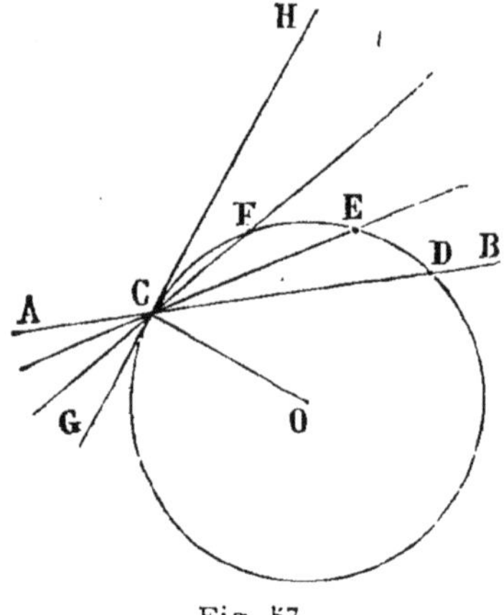

Fig. 57.

Le rayon CO qui aboutit au point de contact est perpendiculaire à la tangente, car c'est la plus courte entre toutes les lignes menées du centre à la tangente.

Il suit de là que pour mener une tangente à une circonférence en un point donné, il suffit de mener le rayon qui aboutit à ce point, puis, par ce point, une perpendiculaire à ce rayon.

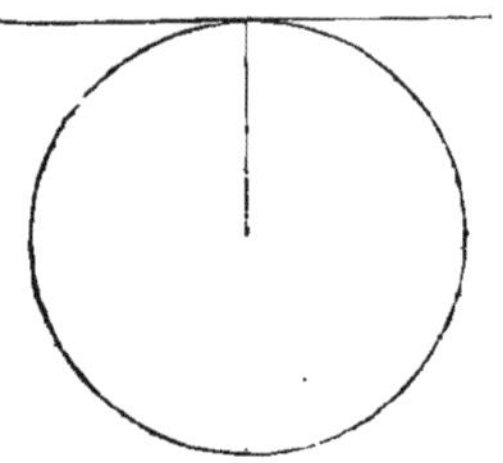
Fig. 58. — Rayon et tangente

Fig. 59. — Raccordement.

Si au contraire on veut tracer un arc tangent à une droite en un point donné, on élèvera en ce point une perpendiculaire sur la droite, et le centre de l'arc devra être pris en un point de cette perpendiculaire.

L'arc et la droite qui se *raccordent*, c'est-à-dire sont tangents l'un à l'autre, nous offrent l'exemple d'une sorte de ligne mixte, en partie courbe et en partie droite, l'une faisant suite à l'autre par degrés insensibles, soit qu'on passe de la ligne droite à l'arc ou qu'on marche en sens inverse.

Positions relatives de deux cercles sur un plan. — Ce qu'on vient de dire de la ligne droite par rapport à la circonférence peut s'appliquer à une circonférence vis-à-vis d'une autre.

1° *Circonférences sécantes :* Ainsi deux circonférences peuvent se couper ou être sécantes. Elles ont alors deux points communs A et B, et, par suite, une corde commune, AB

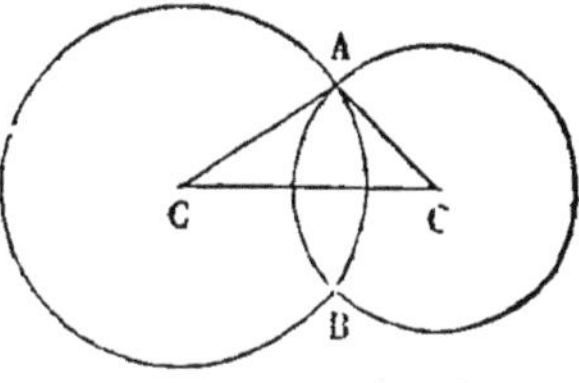

Fig. 60. — C. sécantes.

Cette corde, disons-le en passant, est perpendiculaire à la ligne CC' qui unit les centres, car le point C est également éloigné des points A et B, ainsi que le point C'. On peut même ajouter que CC' passe au milieu de AB. Éloignons maintenant les deux circonférences l'une de l'autre ; comme si l'on étirait la ligne CC', les points A et B vont se rapprocher en même temps du milieu de AB ; à un moment donné, ils se joindront, et les circonférences sont alors tangentes. Elles n'ont, en effet, qu'un point commun, qu'on nomme *point de contact.*

2° *Circonférences tangentes.*

Le point de contact se trouve donc sur la ligne C'. Si, en ce point, on mène une tangente à l'une des circonférences, cette droite est aussi tangente à l'autre.

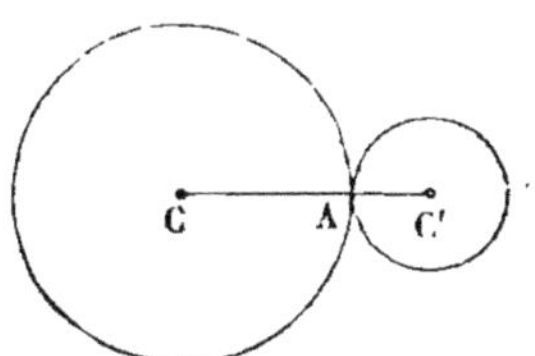

Fig. 61. — Circonférences tangentes.

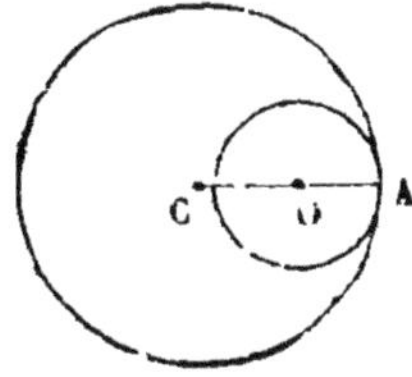

Fig. 62.

Les deux circonférences pouvaient être tangentes *intérieurement*, la plus petite se trouvant enfermée dans la grande, à laquelle elle ne tient que par un point. Une tangente menée au point de contact, à l'un des cercles, est nécessairement tangente à l'autre.

Conséquence. — A propos de la tangente à un arc ou à une circonférence, nous avons appelé l'attention sur le raccordement d'une droite et d'un arc ; nous ferons maintenant remarquer un nouveau genre de raccordement, celui de deux arcs de cercle.

On peut voir, en effet, que les circonférences tangentes peuvent être regardées dans leur ensemble comme une sorte de ligne mixte présentant successivement, d'un même côté, sa concavité et sa convexité. Ainsi les deux parties, AB, de la première, AC, de la seconde, forment un arc continu. Dans le dessin linéaire on a souvent besoin de tracer des arcs qui se continuent ainsi. Or, par cet exemple, la géométrie nous apprend que les deux centres et le point de contact doivent se trouver sur la même ligne droite. Si donc on a à mener au point A un arc tangent à l'arc BC dont le centre est en O, il faudra mener la droite OA qu'on prolongera au delà de la circonférence. C'est sur ce prolongement seulement qu'on peut prendre le centre du nouvel arc qui doit être tangent au premier.

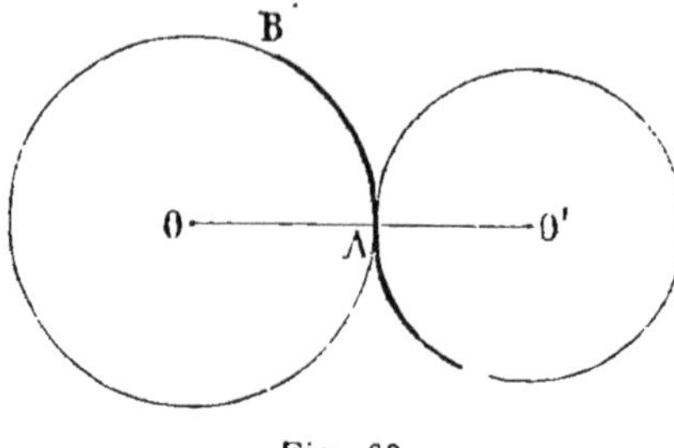

Fig. 63.

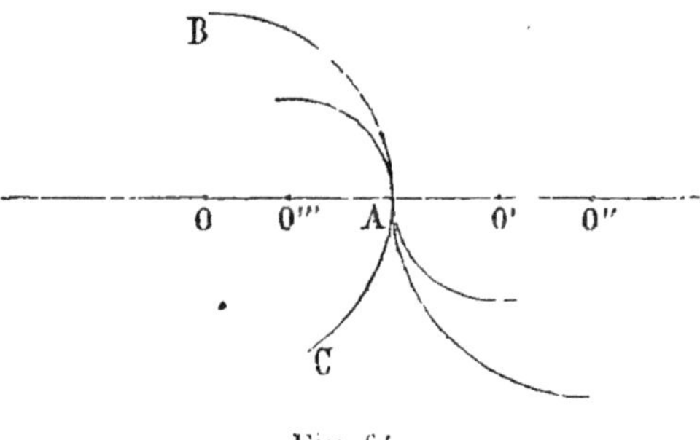

Fig. 64.

Tous les arcs qui ont leur centre sur la ligne OA et qui passent par le point A sont tangents à l'arc BC, quelle que soit la grandeur de leur rayon, comme on peut le voir par cette figure où les centres sont indiqués par les lettres O′,O″,O‴, ce dernier répondant à l'arc tangent à l'intérieur.

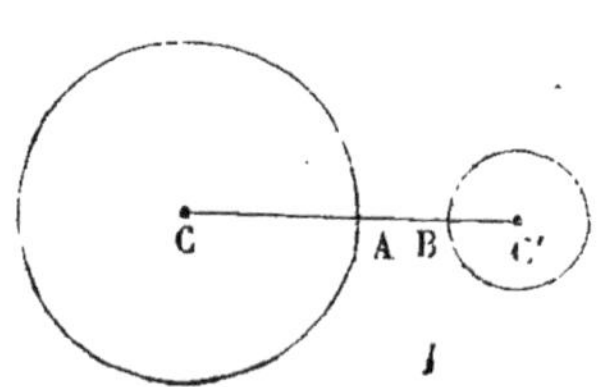

Fig. 65. — C. extérieures.

3° *Circonférences extérieures* ou *intérieures*. — Si l'on suppose que les circonférences tangentes extérieurement viennent à s'éloigner l'une de l'autre, elles n'auront plus rien de commun et seront *extérieures* l'une à l'autre.

Deux circonférences tangentes *intérieurement* et dont on

rapproche les centres donnent lieu à des circonférences *intérieuses*.

Deux circonférences peuvent donc être :

1° Sécantes;

2° Tangentes intérieures ou extérieures;

3° Intérieures ou extérieures.

On peut supposer que deux circonférences étant tracées, l'une d'elles restant fixe, l'autre, d'abord extérieure, se rapproche jusqu'au contact, puis, continuant à avancer, pénètre dans la première en la coupant, puis devient tangente à l'intérieur, et enfin, poursuivant sa marche, devient intérieure.

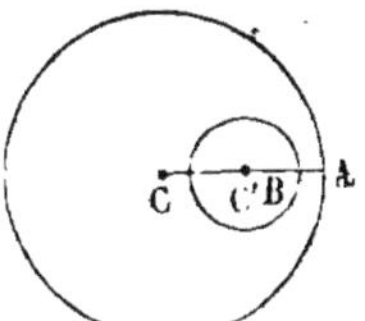

Fig. 66. — C. intérieures.

Relation entre la distance des centres et la somme ou la différence des rayons dans ces divers cas. — A la simple inspection de ces diverses figures, on voit que dans la figure I, où les circonférences sont

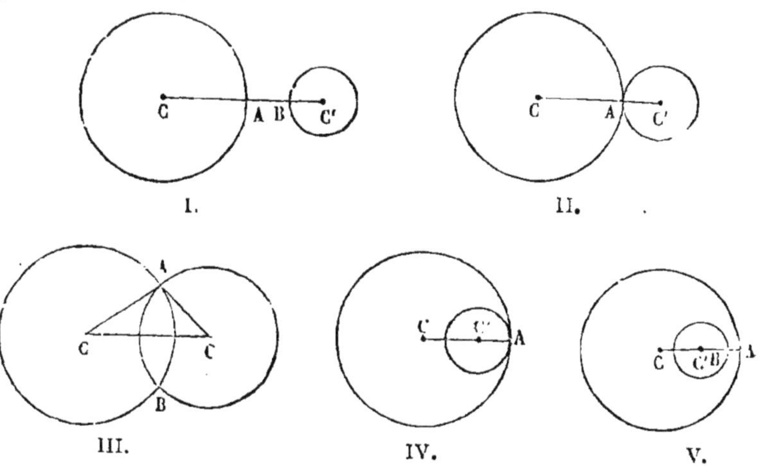

extérieures, la distance des centres CC' est plus grande que CA+C'B, c'est-à-dire la somme des rayons.

Dans la figure II, où les circonférences sont tangentes extérieurement CC'=CA+C'A, c'est-à-dire que la distance des centres est égale à la somme des rayons.

Dans la figure III, où les circonférences sont sécantes, CC' est plus petit que CA+C'A, ou bien la distance des centres est plus petite que la somme des rayons.

La figure IV nous montre les circonférences tangentes intérieurement, et alors CC′=CA—C′A, c'est-à-dire que la distance des centres est égale à la différence des rayons.

Enfin la figure V représente deux circonférences intérieures. CC′ est alors plus petit que CA—C′B, c'est-à-dire que la distance des centres est plus petite que la différence des rayons.

RÉSUMÉ.

Les arcs égaux appartenant à une même circonférence sont sous-tendus par des cordes égales et réciproquement. De deux arcs inégaux, le plus grand arc est sous-tendu par la plus grande corde et réciproquement.

La perpendiculaire menée du centre sur une corde passe au milieu de la corde et de l'arc, ou, autrement, le milieu d'un arc, le milieu de sa corde et le centre sont trois points en ligne droite.

On en déduit le procédé pour trouver le centre d'une circonférence donnée ou pour faire passer une circonférence par trois points.

La tangente à une circonférence est une droite qui n'a qu'un point de commun avec la circonférence. On peut la regarder comme la dernière position d'une sécante qui tourne autour d'un de ses points d'intersection jusqu'à ce que le second point soit venu se réunir au premier.

Le rayon qui aboutit au point de contact est perpendiculaire à la tangente. On en déduit le moyen de mener une tangente en un point donné d'une circonférence.

Deux circonférences tracées sur un même plan peuvent être 1° extérieures, 2° tangentes extérieurement, 3° sécantes, 4° tangentes intérieurement, 5° intérieures.

La distance des centres est, dans le premier cas, plus grande que la somme des rayons; dans le second cas, égale à la somme; dans le troisième, plus petite que la somme; dans le quatrième, égale à la différence, et enfin dans le cinquième, plus petite que la différence.

DES POLYGONES.

SOMMAIRE. — Polygones. — Périmètre ; Diagonales. — Angles saillants, angles rentrants, etc. — Dénomination des polygones. — Polygones réguliers. — Résumé.

Polygones. — La plupart des surfaces qui nous sont familières, comme les cours de nos habitations, les terrains clos, les jardins, les champs de manœuvre des troupes, les places publiques, nous offrent l'exemple de figures terminées de tous côtés par des lignes droites et qui portent le nom de *polygones* [1].

Un polygone est donc une surface limitée de toutes parts par des lignes droites.

Périmètre ; Diagonales. — La somme des côtés se nomme le *périmètre* du polygone. Ce mot équivaut aux mots contour ou pourtour.

Les lignes par lesquelles on joint les sommets du polygone en le traversant sont les *diagonales*.

Angles saillants, angles rentrants, etc. — Les

Fig. 72. — Redoute à angles rentrants.

divers angles du polygone ne sont pas toujours en saillie ; leur ouverture est quelquefois en sens contraire, et l'angle semble pénétrer ou *rentrer* dans le polygone. De là la définition d'angles *saillants* et d'angles *rentrants*.

Si tous les angles sont saillants, le polygone est dit *convexe*.

1. *Poly* signifie *plusieurs ; gone*, signifie *angle*.

Dénomination des polygones. — Les polygones tirent leur nom du nombre de leurs côtés.

Il faut au moins trois lignes droites pour réaliser une surface fermée ; les deux côtés d'un angle ne suffisent pas. Le polygone du plus petit nombre de côtés en a donc au moins trois : c'est le *triangle*, dont le nom signifie *trois angles*.

Fig. 73. — Polygones divers.

On donne le nom de *quadrilatère* [1] au polygone de quatre côtés, de *pentagone* à celui de cinq, d'*hexagone* à celui de six ; puis viennent l'*heptagone*, l'*octogone*, l'*ennéagone*, le *décagone* [2], etc., pour sept, huit, neuf, dix côtés, etc.

Polygones réguliers. — Un polygone est *régulier* lorsque tous ses angles sont égaux ainsi que tous ses côtés.

Il pourrait n'avoir que les angles égaux comme le rectangle, ou seulement les côtés égaux comme le losange : alors il n'est pas régulier.

Les carreaux de pierre ou de marbre dont on pave l'inté-

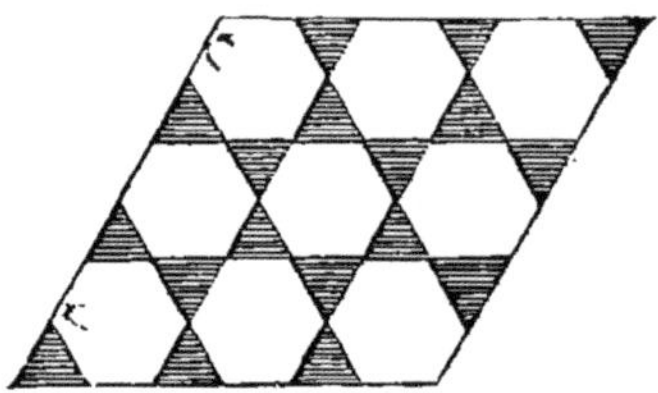

Fig. 74. — Pavages.

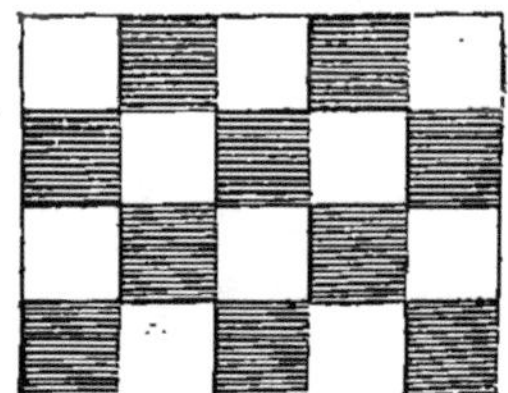

Fig. 75.

rieur des monuments, les carreaux en terre à briques dont on pave les logements modestes sont le plus souvent des polygones réguliers et plus particulièrement des hexagones ou des octogones combinés avec des carrés [3].

Puisque tous les côtés sont égaux, il suffit pour obtenir le

1. De *quadri*, qu'on trouve dans *quadrupède, quadruple*, qui a la signification de *quatre* et de *latère*, même sens que latéral dans *façade latérale, canal latéral*, où il signifie *côtés*. Quatre côtés.

2. Les mots *penta*, *hexa*, etc., ce sont les noms de nombres tirés du grec, et ils signifient *cinq*, *six*, etc.

3. C'est du mot *carré* que viennent les mots *carreau*, *carreler*, *carrelage*, etc.

périmètre d'un polygone régulier de multiplier la longueur du côté par le nombre des côtés.

A mesure que le nombre des côtés est de plus en plus grand, les angles du polygone deviennent de plus en plus obtus et de moins en moins saillants. Le contour devient plus uni et le polygone ressemble de plus en plus à une circonférence.

RÉSUMÉ.

Un polygone est une surface terminée de toutes parts par des lignes droites.

La somme des longueurs des côtés se nomme périmètre.

Les lignes qui joignent les sommets non adjacents du polygone se nomment diagonales.

Les polygones peuvent présenter des angles rentrants et des angles saillants.

Si tous les angles sont saillants, le polygone est convexe.

Les polygones tirent leur nom du nombre de leurs côtés.

Un polygone est régulier lorsque tous ses côtés et tous ses angles sont égaux.

Un polygone régulier dont les côtés deviennent de plus en plus nombreux se rapproche de la circonférence.

DU TRIANGLE.

SOMMAIRE. — Définition. — Triangle isocèle. — Triangle équilatéral. — Relation entre les côtés et les angles. — Notion de la base et de la hauteur. — Propriétés du triangle isocèle. — Propriétés du triangle équilatéral. — Triangle rectangle. — Somme des angles dans tout triangle. — Conséquences. — Constructions de triangles : 1er cas ; 2e cas ; 3e cas. — Résumé.

Définition. — Rappelons ce que nous avons dit plus haut, qu'un triangle est un polygone de trois côtés. En général, les trois côtés sont de longueurs différentes, et les trois angles n'ont pas la même grandeur.

Fig. 76. — Fronton.

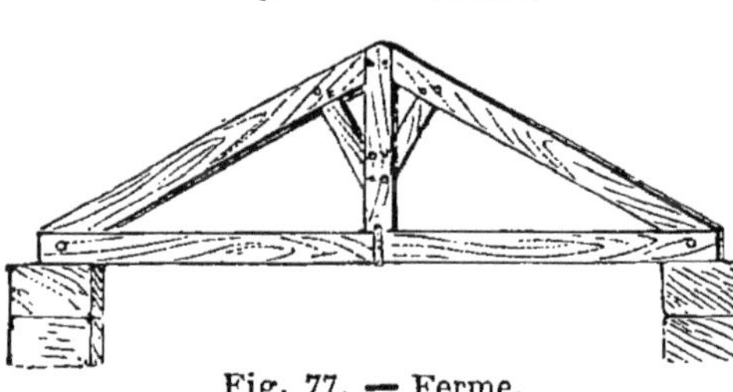

Fig. 77. — Ferme.

Triangle isocèle. — Lorsque deux côtés sont égaux, le triangle est dit *isocèle*.

On a des exemples du triangle isocèle dans les frontons qui couronnent la façade de certains édifices, dans ce qu'on nomme les fermes des toitures, etc.

Triangle équilatéral. — Si les trois côtés sont égaux, le triangle est *équilatéral*.

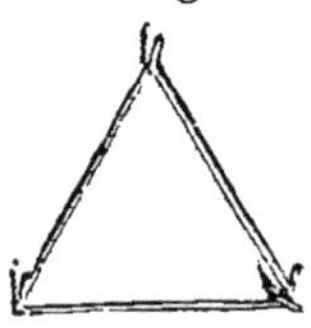

Fig. 78.
Le trépied.

Les trépieds dont on fait usage en cuisine ont la forme d'un triangle équilatéral.

Relation entre les côtés et les angles. — Dans un triangle quelconque, comme le triangle ABC, les angles sont plus ou moins grands selon que les côtés qui leur sont opposés sont plus ou moins grands, c'est-à-dire qu'au plus grand angle est opposé le plus grand côté. Les trois côtés étant inégaux, il s'en trouve naturellement un grand, AB, un moyen, BC, et un petit, AC; il y a de même un grand angle, C, un moyen, A, et un petit, B, chacun vis-à-vis de leur côté. Mais il n'en faudrait pas conclure qu'il existe la même proportion entre les côtés qu'entre les angles, ou si l'on veut, que les côtés sont dans le même rapport que les angles.

Notion de la base et de la hauteur. — Lorsqu'on trace un triangle sur le tableau, un des côtés est, le plus souvent, parallèle au bord horizontal du tableau ; c'est ce côté sur lequel semble reposer le triangle qu'on nomme tout naturellement la *base*.

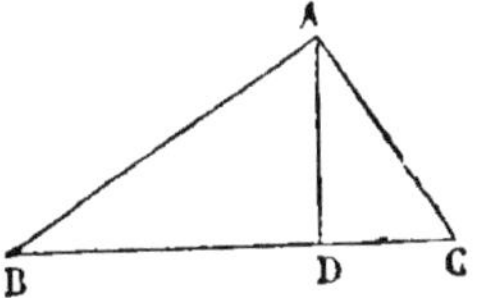

Fig. 79. — Base et haut

Le sommet de l'angle opposé à la base est bien ici un *sommet*, c'est-à-dire le plus haut point du triangle par rapport à la base. Pour mesurer la distance de ce sommet à la base, on mène de ce point une perpendiculaire à la base ; c'est ce qu'on nomme la *hauteur*.

Dans le triangle ABC (fig. 79), BC est la base, AD, la hauteur.

Comme on peut prendre pour base chaque côté à son tour, il existe trois hauteurs correspondant aux trois côtés.

La hauteur ne tombe pas toujours à l'intérieur du triangle ; ainsi, dans le triangle ABC (fig. 80 et 81), la hauteur BP qui

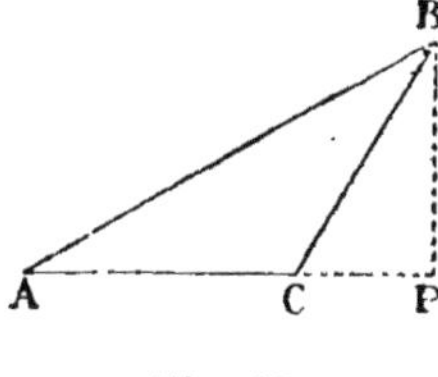

Fig. 80.

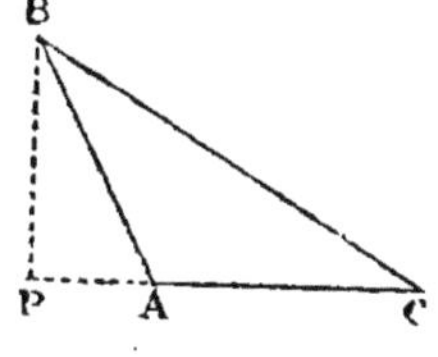

Fig. 81

répond à la base AC tombe, on le voit, au dehors de ABC. C'est ce qui arrive quand il y a un angle obtus.

Pour achever de fixer dans l'esprit cette notion de la hauteur, prenons un exemple en dehors de l'application qu'on en a faite au triangle.

Lorsque, pour gagner un point d'un mur, on appuie une échelle contre le mur, en l'inclinant convenablement, la hauteur à laquelle on s'élève se mesure le long du mur à l'aide d'un fil à plomb, et non le long de l'échelle.

Propriétés du triangle isocèle. — Dans un triangle isocèle, on choisit pour base le côté qui n'est pas égal aux deux autres, à cause de la symétrie. La hauteur passe précisément au milieu de la base et partage le triangle en deux

3.

triangles égaux. Les deux côtés égaux AB et AC peuvent être regardés comme des obliques s'écartant également du pied D

Fig. 82. — Triangle isocèle.

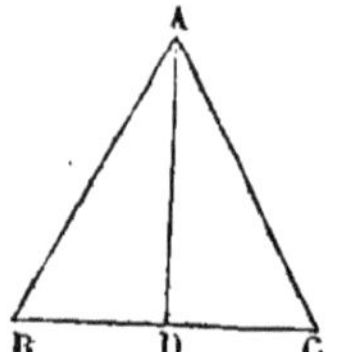

Fig. 83.

de la perpendiculaire. L'angle A se trouve aussi partagé en deux parties égales par la hauteur.

Enfin les angles C et B sont égaux.

Propriétés du triangle équilatéral. — Celles-ci sont la conséquence de ce qui précède. Un triangle équilatéral n'est-il pas en même temps isocèle, de quelque côté qu'on l'envisage ? C'est un triangle de tout point régulier : chaque hauteur atteint en son milieu le côté qui lui est opposé.

F. 84.—Tr. équilatéral.

De plus, les trois angles sont égaux, les trois hauteurs sont égales, les trois angles sont divisés en deux parties égales par les trois hauteurs.

Triangle rectangle. — On ne distingue pas seulement les triangles par les côtés, mais encore par les angles. Il peut se faire qu'un des angles soit droit ; le triangle porte alors le nom de *triangle rectangle.* Le côté opposé à l'angle droit, qui est le plus long des trois, se nomme *hypoténuse.*

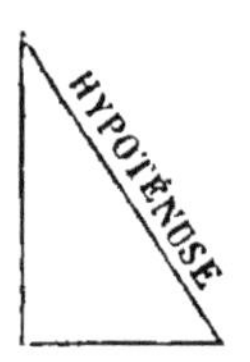

F. 85.— Tr. rect.

Dans un pareil triangle, les deux côtés de l'angle droit peuvent être pris l'un ou l'autre pour base. Celui qui n'est pas pris pour base sera tout naturellement la hauteur.

Somme des angles dans tout triangle. — Les angles varient d'un triangle à l'autre ; il y en a de toutes les grandeurs entre 0° et 180°. Les trois angles peuvent être aigus, l'un des angles peut être droit ou obtus. Mais quelle que soit la grandeur des angles, leur somme est toujours la même et égale à 180 degrés (180°) ou à deux angles droits. C'est ce qu'on voit aisément en prolongeant les côtés AB, AC du triangle ABC, et menant la parallèle au côté BC. Les trois angles du triangle sont respectivement égaux à ceux qui portent le même numéro et dont la somme vaut deux angles droits. Les angles numéro 1 sont égaux comme correspondants, les angles numéro 3 pour la même raison. Quant aux angles numéro 2, ils sont égaux parce qu'ils sont opposés par le sommet [1].

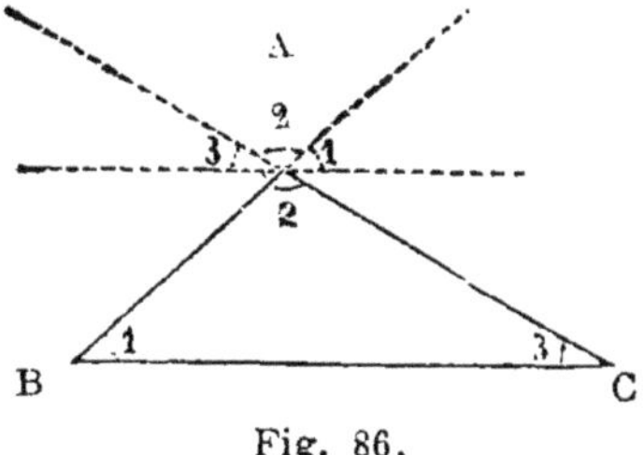

Fig. 86.

Conséquences. — D'après ce qui précède, si l'on connaît deux angles A et B d'un triangle, il suffit, pour trouver le troisième POQ, de retrancher la somme des deux premiers de 180°. C'est ce qui a été effectué dans la fig. 87.

Dans un triangle isocèle, l'angle du sommet étant connu, on connaîtra facilement les deux autres, car ils sont égaux. On retranchera le premier de 180° et on partagera le reste en deux parties égales.

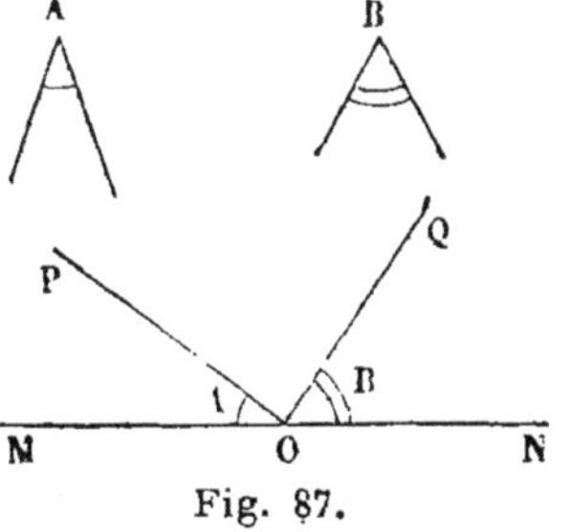

Fig. 87.

Les angles de tout triangle équilatéral valent le tiers de 180° ou 60°.

Les triangles rectangles ayant un angle droit, les deux angles aigus font ensemble un droit [2].

Si le triangle est à la fois rectangle et isocèle, les angles aigus sont égaux et chacun vaut $\frac{1}{2}$ droit ou 45° [3].

Somme des angles d'un polygone. — Prenez un point quelconque O dans l'intérieur du polygone ABCDE, joignez ce point O aux différents sommets, vous obtenez autant de triangles que le polygone a de côtés. Dans chaque triangle la somme des angles vaut deux angles droits, et par

1. Si l'on se reporte à la remarque au bas de la page 23, on voit que nous n'avons pas à démontrer l'égalité des angles correspondants.

2. Les deux angles aigus sont dits *complémentaires;* c'est-à-dire qu'ils se *complètent* pour faire un angle droit. Lorsque deux angles font ensemble deux angles droits, ils sont *supplémentaires*.

3. On construit des équerres en bois en forme de triangle isocèle, qu'on nomme équerres à 45°, très-utiles dans les arts du dessin.

conséquent, pour l'ensemble des triangles, autant de fois deux angles droits qu'il y a de côtés dans le polygone. Or cette somme comprend non-seulement les angles du polygone, mais les quatre angles droits, valeur de la somme des angles autour du point O. Donc, pour avoir la somme des angles du polygone, prenez le nombre des côtés, doublez-le, ôtez quatre. Le résultat représente le nombre d'angles droits.

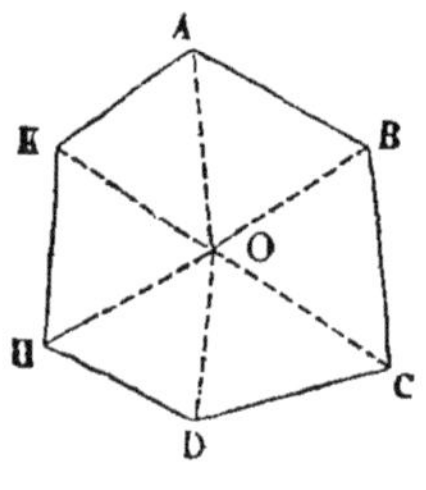

Fig. 88.

Exemple : soit à évaluer la somme des angles d'un hexagone. Le nombre des côtés est six, doublez, cela fait douze ; ôtez quatre, reste huit. La somme des angles de tout hexagone vaut donc huit droits.

Veut-on exprimer cette somme en degrés, il n'y a qu'à multiplier le nombre obtenu par 90, puisqu'un angle droit vaut 90 degrés. Ainsi, pour le cas de l'hexagone, on aura à multiplier 8 par 90, ce qui donne 720. La somme des angles dans tout hexagone vaut donc 720 degrés (720°).

Remarque. — Si tous les angles d'un polygone sont égaux, la valeur d'un angle s'obtiendra en divisant la somme des angles par leur nombre. S'il s'agit par exemple d'un hexagone, la somme vaut 720°, et, comme il y a six angles, si ces angles sont égaux, chacun d'eux vaut $\frac{720^\circ}{6}$ ou 120°.

Constructions de triangles. — Il n'est pas nécessaire de connaître tous les éléments d'un triangle, c'est-à-dire ses trois côtés et ses trois angles, pour le construire. Trois de ces six parties suffisent, pourvu qu'il y ait toujours parmi les trois un côté au moins. Si l'on donne les trois angles, on peut faire une infinité de triangles qui se ressemblent tous, mais qui sont de grandeurs différentes.

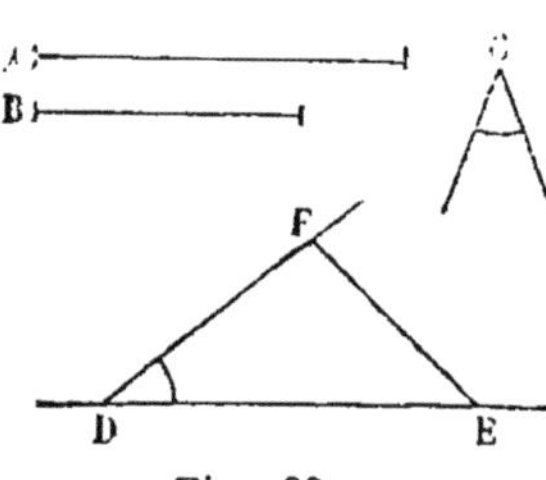

Fig. 89.

On peut donc se proposer de construire un triangle :

1° Connaissant deux côtés et l'angle qu'ils forment ;

2° Connaissant un côté et les deux angles adjacents;

3° Connaissant les trois côtés

Nous n'examinerons que ces trois cas.

Premier cas. Fig. 89.— On construit l'angle D égal à l'angle donné C, — ce qu'on sait déjà faire, — puis, sur chacun des deux côtés, on porte les longueurs DE, et DF respectivement égales aux côtés donnés A et B; il ne reste plus alors qu'à unir par une droite le point E au point F.

Deuxième cas. Fig. 90.— On tracera une droite sur laquelle on portera la longueur BC du côté donné *a*. Puis, au point B, on mènera une ligne BA faisant avec BC un angle égal à l'un des angles donnés B, au point C, une autre ligne CA faisant avec BC un angle égal à l'autre angle donné C. Ces deux angles doivent être vis-à-vis, c'est-à-dire qu'ils doivent se présenter l'un à l'autre leur ouverture. On voit qu'ainsi les deux lignes menées se coupent au point A, et le triangle est construit.

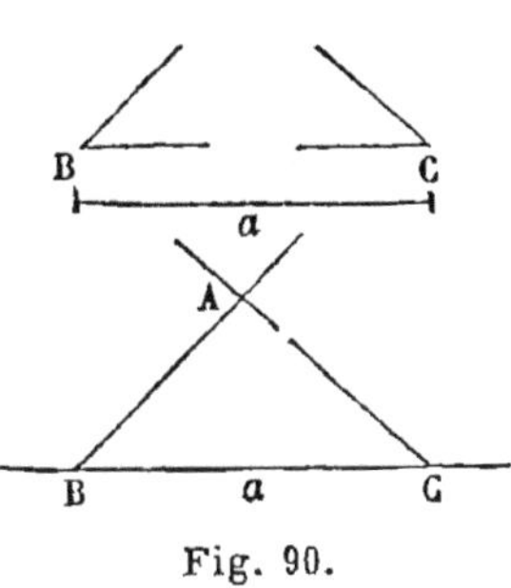

Fig. 90.

Troisième cas. Fig. 91.—On trace une droite sur laquelle on porte la longueur DE de l'un des côtés A. Ayant pris à l'aide du compas une longueur égale à un des deux autres côtés B, on placera la pointe du compas au point D, et on décrira un arc F. On en fera autant au point E, cette fois avec la longueur du troisième côté C. Les deux arcs se coupent au point F. Il ne s'agit plus que de joindre F aux points D et E.

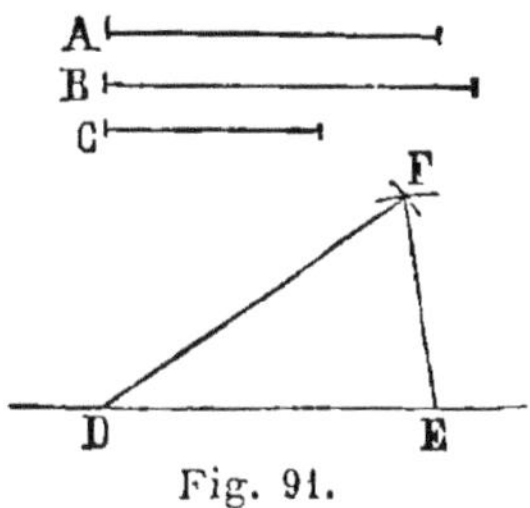

Fig. 91.

Ces constructions nous montrent que, dans chaque cas, on ne peut faire qu'un seul triangle avec les éléments donnés. Si l'on construit plusieurs triangles avec les mêmes données, ils sont donc égaux. Concluons donc que tous les triangles qui ont un angle égal compris entre deux côtés égaux sont égaux ; qu'il en est de même pour ceux qui ont un côté égal adjacent à deux angles égaux et ceux qui ont les trois côtés égaux.

RÉSUMÉ

Un triangle est un polygone de trois côtés, ou, si l'on préfère, la figure formée par trois lignes qui se coupent deux à deux.

Le triangle est dit isocèle si deux côtés sont égaux. — Les angles opposés aux côtés égaux sont égaux.

Le triangle est dit équilatéral si les trois côtés sont égaux. — Les trois angles le sont aussi.

Un côté quelconque peut être pris pour base ; la hauteur est la distance à la base du sommet qui lui est opposé.

Le triangle dont un des angles est droit se nomme triangle rectangle. — Le côté opposé à l'angle droit se nomme hypoténuse.

La somme des trois angles de tout triangle vaut deux angles droits.

La somme des angles dans un polygone s'obtient en multipliant le nombre des côtés par deux et en retranchant quatre du résultat.

Trois éléments d'un triangle suffisent pour le construire, pourvu que parmi les trois se trouve au moins un côté.

Il s'ensuit que deux triangles sont égaux lorsqu'ils ont : 1° un angle égal compris entre deux côtés égaux ; 2° un côté égal adjacent à deux angles égaux ; 3° les trois côtés égaux.

QUADRILATÈRES.

SOMMAIRE : Définition. — Trapèze. — Parallélogramme. — Losange. — Rectangle. — Carré. — Résumé.

Définition. — Nous avons déjà dit plus haut que le *quadrilatère* est un polygone de quatre côtés, ou, si l'on veut, la surface renfermée entre quatre lignes ou côtés.

Les côtés peuvent être de longueurs différentes; ils peuvent être ou ne pas être parallèles; l'ouverture des angles peut varier ; de là des quadrilatères de formes très-diverses, parmi lesquels on distingue le *trapèze* [1], le *parallélogramme* [2], le *losange* [3], le *rectangle* et le *carré.*

Trapèze. — Parmi les appareils de gymnastique se trouve une sorte de balançoire formée d'un bâton suspendu au portique par deux cordes. Les deux cordes, le bâton et la portion de la poutre comprise entre les points d'attache des cordes forment par leur ensemble un quadrilatère dans lequel deux côtés sont parallèles, celui figuré par la poutre et celui figuré par le bâton. Un pareil quadrilatère porte le nom de *trapèze;* de là le nom donné à l'appareil tout entier.

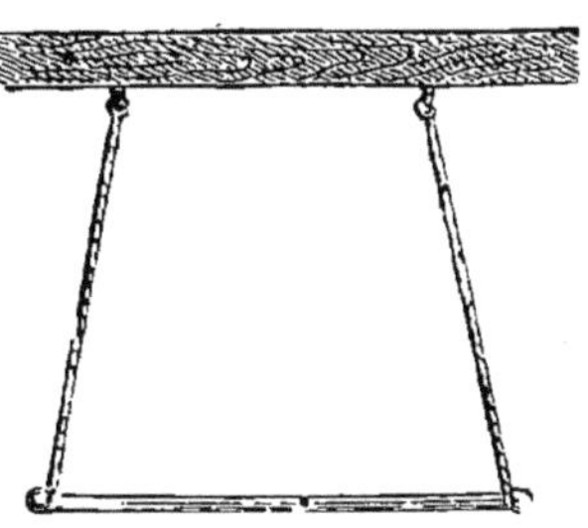

Fig. 92. — Le trapèze.

1. D'un mot grec qui signifie *table.*
2. Le mot *gramme* vient d'un mot grec qui signifie *tracer* ou *écrire.*
3. De deux mots qui signifient, l'un *angle*, l'autre *oblique.*

Certaines voiles de navires rappellent également, lorsqu'elles sont tendues, la forme du trapèze.

Fig. 93. — La voile en forme de trapèze.

Un trapeze est donc un quadrilatère qui a deux côtés parallèles.

Fig. 94. — Trapèze.

Les deux autres côtés peuvent être quelconques. Dans le trapèze, appareil de gymnastique, ils sont égaux, ce qui a valu à ce trapèze le nom de *trapèze isocèle.*

L'un des côtés non parallèles peut être perpendiculaire aux côtés parallèles : le trapèze est dit alors *rectangle.*

Parallélogramme. — Si les quatre côtés sont parallèles, — et tout naturellement deux à deux, — le quadrilatère se nomme *parallélogramme.*

Il suffit pour le tracer de mener deux lignes parallèles dans une direction quelconque, puis deux autres lignes également parallèles qui coupent les premières.

Les planchettes qu'on assemble pour faire les parquets

des appartements et qu'on désigne sous le nom de *feuilles* de parquet nous offrent, l'exemple de parallélogrammes.

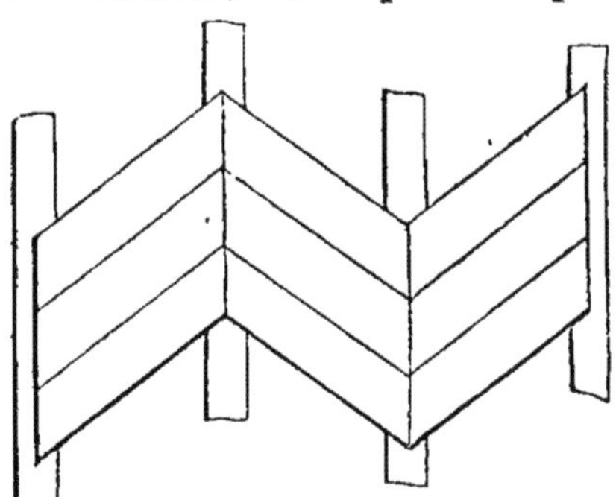

Fig 95. — Feuillès de parquet.

Chaque diagonale d'un parallélogramme le partage en deux triangles égaux. Ces deux triangles ont en effet un côté égal adjacent à deux angles égaux. De là on conclut l'égalité des côtés opposés du parallélogramme ainsi que celle des angles opposés.

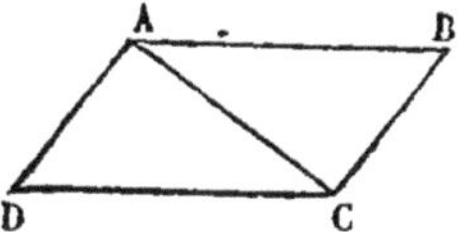

Fig. 96. — Parallélog.

Les deux diagonales d'un parallélogramme se coupent par le milieu. Cela se voit par l'égalité des deux triangles ADE, BEC, qui ont un côté égal adjacent à deux angles égaux [1].

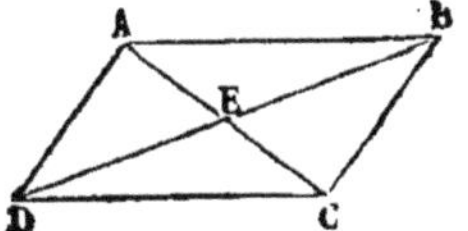

Fig. 97.

Losange. — Lorsqu'un parallélogramme a les quatre côtés égaux, on le nomme *losange*. Sa forme est alors plus élancée que celle du parallélogramme commun.

On trouve des losanges en relief dans les panneaux de certaines portes, ou bien on en voit les contours figurés par des moulures ; on trouve également des vitraux de couleur de cette forme.

Fig. 98. — Losange.

Fig. 99. — Panneaux.

On dispose ordinairement cette figure de façon que la plus

1. Les angles dont il s'agit sont ceux qu'on appelle *alternes-internes :* tels sont DAC, ACB, *alternes* parce que l'un est d'un côté de AC, l'autre de l'autre

courte des diagonales soit horizontale. Les diagonales sont d'ailleurs perpendiculaires l'une à l'autre, car les deux extrémités B et D de l'une sont à égale distance des deux extrémités A et C de l'autre.

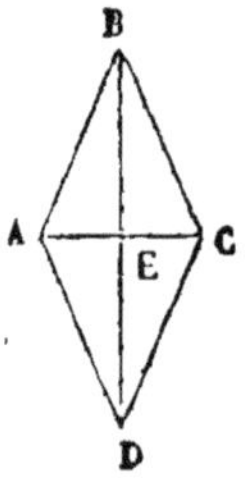

B A C E D

Fig. 100.

On en déduit le procédé suivant pour tracer un losange : menez deux lignes perpendiculaires l'une à l'autre et se coupant, puis, à partir du point d'intersection, portez deux longueurs égales sur l'une et deux autres longueurs égales sur l'autre; il n'y a plus qu'à joindre les extrémités.

Rectangle. — Un parallélogramme dont les angles sont

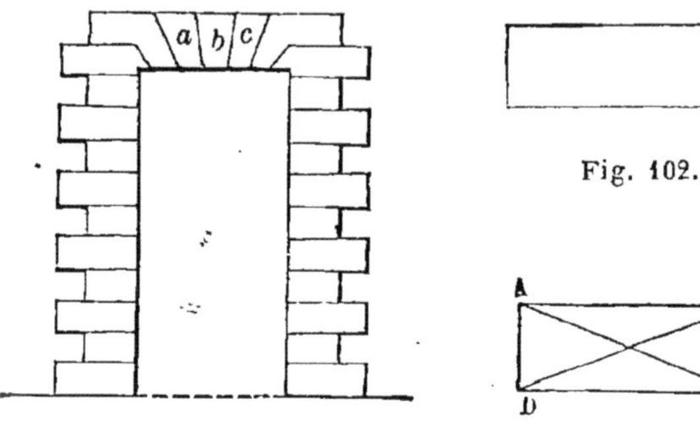

Fig. 101. — Porte rectangulaire.

Fig. 102.

Fig. 103.

droits se nomme *rectangle*. C'est la figure qu'on rencontre le plus fréquemment; c'est celle d'un grand nombre d'objets usuels : le dessus d'une table, une vitre, un volet, une porte, un tapis, une glace, etc., sont autant de rectangles.

Ici, non-seulement les diagonales se coupent en deux parties égales, mais elles sont égales.

Fig. 104.

Carré. — Enfin, si dans le rectangle les quatre côtés sont égaux, on le nomme *carré*. On pourrait encore le définir : un parallélogramme dont les angles sont droits et les côtés égaux.

Le carré est le quadrilatère régulier par excellence; il ré-

côté; *internes*, parce qu'ils sont dans l'espace compris entre les parallèles AD et BC. Or l'égalité de ces angles se déduit de celle des angles correspondants. Il suffit de prolonger AC et BC, à partir du point C, vers le bas de la figure, pour former l'angle correspondant de DAC qui se trouve être en même temps opposé par le sommet, et par conséquent égal à ACB.

sume les qualités et les propriétés de tous les quadrilatères dont il vient d'être question.

Il est :

Parallélogramme, puisqu'il a ses côtés parallèles ;

Losange, puisque ses côtés sont égaux ;

Rectangle, puisque ses angles sont droits.

Aussi les diagonales se coupent en deux parties égales; sont perpendiculaires l'une à l'autre; enfin sont égales.

Par ce qui précède, on voit que le mot parallélogramme est un nom de famille, et que losange, rectangle, carré, sont des prénoms.

RÉSUMÉ.

On nomme quadrilatère un polygone de quatre côtés.

On distingue parmi les quadrilatères :

I. — Le trapèze, dont deux côtés seulement sont parallèles.

Il est isocèle, si les côtés non parallèles sont égaux ; rectangle, si l'un des côtés non parallèles est perpendiculaire aux côtés parallèles.

II. — Le parallélogramme, dont les côtés sont parallèles deux à deux.

Parmi les parallélogrammes, on distingue :

1°. — Le parallélogramme proprement dit, dans lequel les côtés opposés sont égaux, ainsi que les angles opposés, et dont les diagonales se coupent en deux parties égales.

2°. — Le parallélogramme losange, ou simplement losange, dont les quatre côtés sont égaux, et qui, outre les propriétés du parallélogramme, a ses diagonales perpendiculaires l'une à l'autre.

3°. — Le parallélogramme rectangle, ou simplement rectangle dont les angles sont droits. Il joint aux propriétés du parallélogramme celle d'avoir ses diagonales égales.

4°. — Le parallélogramme carré, ou simplement carré, qui a les côtés égaux comme le losange et les angles droits comme le rectangle Les diagonales se coupent en deux parties égales comme dans le parallélogramme ; elles sont perpendiculaires l'une à l'autre comme dans le losange, égales comme dans le rectangle. Il réunit toutes les propriétés.

MESURE DES ANGLES INSCRITS, ETC.

Sommaire : Définition. — Mesure de l'angle inscrit. — Conséquences. — Élever une perpendiculaire à l'extrémité d'une ligne qu'on ne peut prolonger. — D'un point pris hors d'un cercle, lui mener une tangente. — Angle intérieur. — Angle extérieur. — Remarque. — Résumé.

Définition. — Nous savons qu'on mesure un angle au moyen de l'arc compris entre ses côtés et décrit de son sommet comme centre. On peut cependant, dans certains cas, connaître la valeur d'un angle sans recourir à cet arc. Ainsi un angle peut avoir son sommet sur la circonférence, ou au dedans ou au dehors. Les côtés peuvent être des cordes, des sécantes ou des tangentes. Or, dans ces divers cas, on peut en obtenir la mesure au moyen des arcs interceptés par les côtés.

Si le sommet est sur la circonférence et les côtés à l'intérieur, l'angle est dit *inscrit*[1]. Un pareil angle a pour mesure la moitié de l'arc compris entre ses côtés.

Mesure de l'angle inscrit. — Il peut arriver que le centre se trouve sur un des côtés ou à l'intérieur ou à l'extérieur de l'angle. Cela fait trois cas, mais les deux derniers sont des conséquences du premier. Examinons donc le cas où un côté, BC, passe par le centre O. Joignons AO. On sait déjà que l'angle COA est égal à la somme des angles A et B du triangle AOB, et comme ce triangle est isocèle, puisque OA = OB, les angles A et B sont égaux. Leur somme équivaut donc au double de l'un d'eux. En conséquence, l'angle COA vaut deux fois l'angle B. Mais l'angle COA

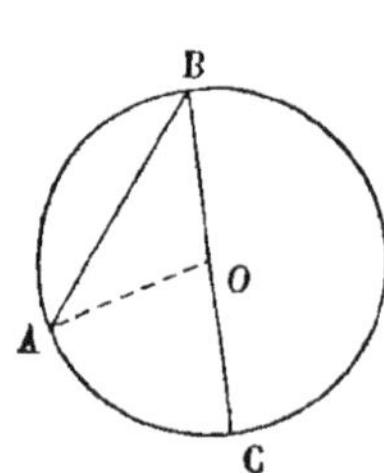

Fig. 105.

1. On dit habituellement que les côtés de l'angle inscrit doivent être des cordes; mais cela pourrait faire supposer que la longueur des côtés a quelque importance.

a son sommet au centre : il a donc pour mesure l'arc CA, et l'angle B, qui est la moitié de COA, a pour mesure la moitié de AC.

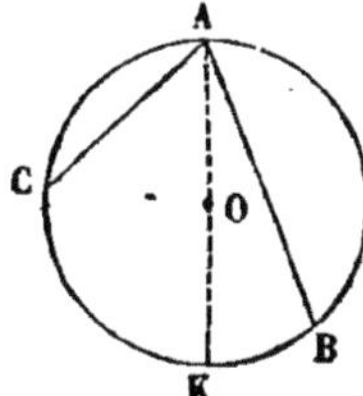

Fig. 106.

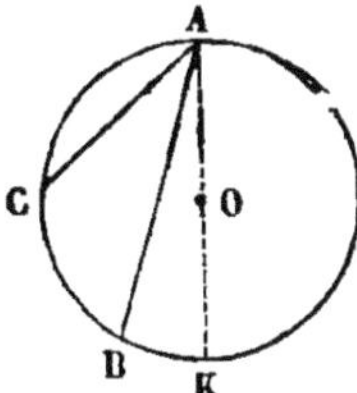

Fig. 107.

Si le centre est dans l'intérieur de l'angle, on mène le diamètre AK, et l'angle CAB est décomposé en deux autres qui ont chacun pour côté un diamètre, comme dans le cas précédent. CAK a pour mesure la moitié de CK; KAB a pour mesure la moitié de KB ; donc CAB a pour mesure la moitié de CK plus la moitié de KB ou la moitié de CB.

Enfin, si le centre est au dehors de l'angle, on mène le diamètre AK, et l'angle CAB se trouve être la différence entres CAK et BAK qui ont pour mesure, l'un $\frac{CK}{2}$, l'autre $\frac{BK}{2}$; il a donc pour mesure $\frac{CK}{2} - \frac{BK}{2} = \frac{CK - BK}{2} = \frac{CB}{2}$.

Conséquences. — Une première conséquence à tirer, c'est que tous les angles inscrits, tels que ACB, ADB, AEB, dont les côtés passent par les mêmes points A et B de la circonférence et ont leurs sommets d'un même côté, sont égaux puisqu'ils ont la même mesure

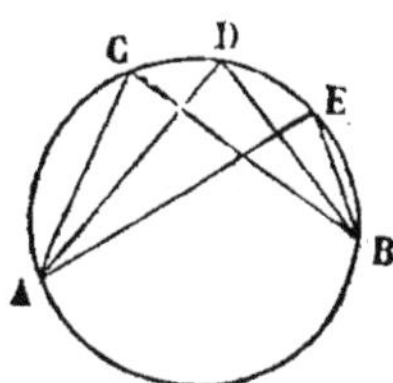

Fig. 108.

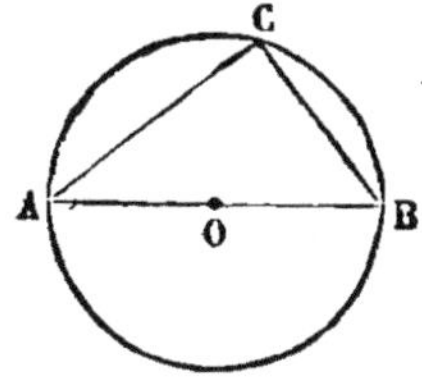

Fig. 109.

La seconde conséquence, c'est que tout angle, tel que ACB, inscrit dans un demi-cercle, est un angle droit puisqu'il a pour mesure la moitié de la demi-circonférence, c'est-à-dire le quart de la circonférence. Cette conséquence va nous permettre de résoudre les problèmes suivants.

Élever une perpendiculaire à l'extrémité d'une ligne qu'on ne peut prolonger. — On a souvent besoin de résoudre ce problème lorsqu'il faut tracer un cadre presque au bord de la feuille de papier qui contient un dessin. Dans ce cas prenez un point O quelconque, placez-y la pointe d'un compas, et ouvrez le compas jusqu'à ce que le crayon atteigne le point B. Alors décrivez l'arc DBC. Joignez DO et prolongez jusqu'en C. Il n'y a plus qu'à joindre le point B au point C pour avoir la perpendiculaire demandée. L'angle DBC est en effet un angle droit puisqu'il est inscrit dans une demi-circonférence.

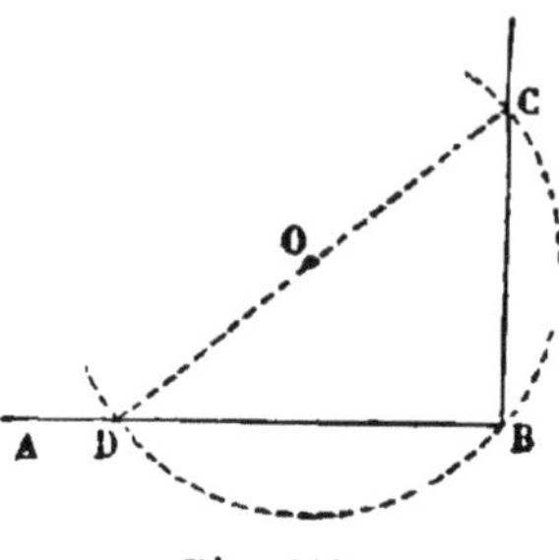

Fig. 110.

D'un point pris hors d'un cercle, lui mener une tangente. — Il s'agit de mener du point A une tangente à la circonférence dont le centre est en O. Joignez OA, prenez-en le milieu C, et du point C comme centre décrivez la circonférence qui passe par les points O et A. Cette circonférence coupe la première en deux points B et D qu'on joindra au point A. On obtient ainsi les deux tangentes AB, AD. En effet, les angles OBA et ODA sont droits, étant inscrits chacun dans un demi-cercle; donc AB est perpendiculaire au rayon OB, et AD perpendiculaire au rayon OD. On sait que la condition pour qu'une ligne soit tangente, c'est d'être perpendiculaire à l'extrémité du rayon.

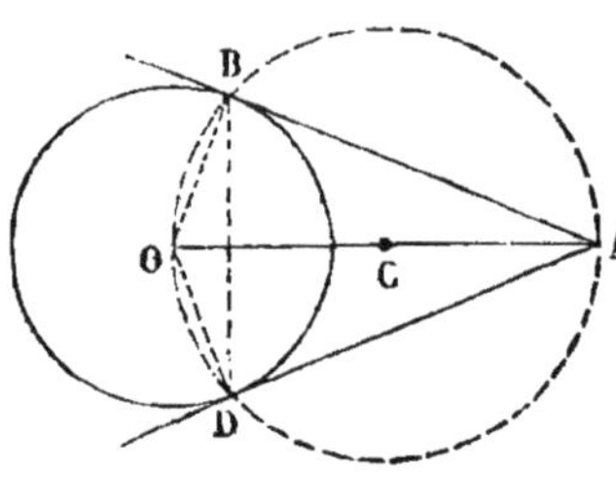

Fig. 111.

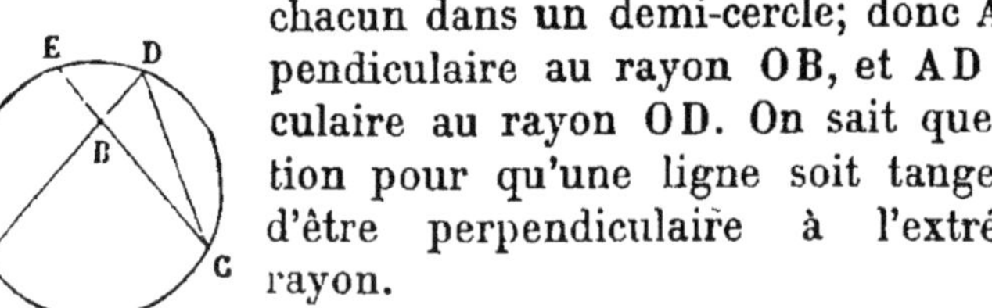

Fig. 112.

Angle intérieur. — Lorsqu'un angle a son sommet à l'intérieur de la circonférence, ses côtés comprennent un arc AC, et le prolongement de ces mêmes côtés en comprend un autre

DE. Or, si l'on mène CD, on voit que l'angle ABC = l'angle D + l'angle C. L'angle inscrit D a pour mesure $\frac{\text{arc AC}}{2}$, l'angle inscrit C a pour mesure $\frac{\text{arc DE}}{2}$, d'où il résulte que l'angle *intérieur* ABC a pour mesure $\frac{\text{arc AC} + \text{arc DE}}{2}$, ou, si l'on veut, la demi-somme des arcs compris entre ses côtés.

Angle extérieur. — Le sommet de l'angle peut se trouver en B, au dehors du cercle. Dès lors, si l'on mène CD, on sait que l'angle CDA équivaut aux deux angles B et C, ou, ce qui revient au même, l'angle B = l'angle CDA — l'angle C. Mais l'angle inscrit CDA a pour mesure $\frac{\text{arc AC}}{2}$, et l'angle inscrit C a pour mesure $\frac{\text{arc DE}}{2}$; donc l'angle *extérieur* B a pour mesure $\frac{\text{arc AC} - \text{arc DE}}{2}$, c'est-à-dire la demi-différence des arcs compris entre ses côtés.

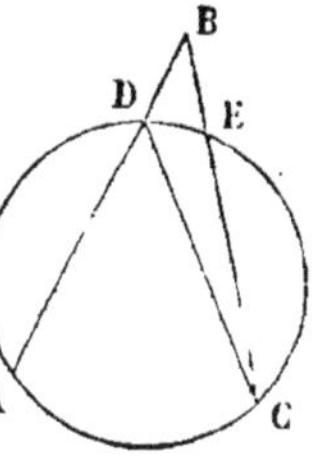

Fig. 113.

Remarque. — Les côtés de l'angle extérieur, au lieu d'être des sécantes, pourraient être des tangentes. De même, dans le cas de l'angle inscrit, l'un des côtés peut être une tangente comme BA, fig. 114.

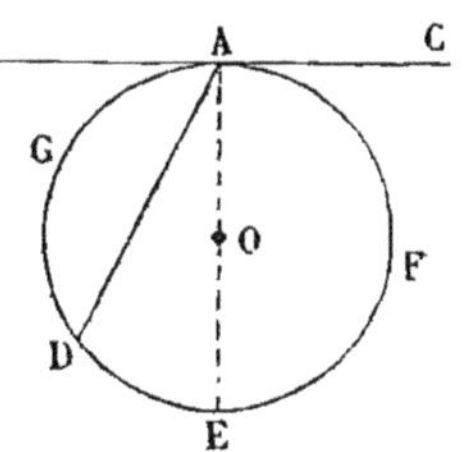

Fig. 114.

RÉSUMÉ.

Un angle est dit inscrit dans un cercle lorsqu'il a son sommet sur la circonférence et ses côtés à l'intérieur.

L'angle inscrit a pour mesure la moitié de l'arc compris entre ses côtés.

Tous les angles inscrits dans un même segment sont égaux.

Tout angle inscrit dans un demi-cercle est droit.

Un angle intérieur a pour mesure la demi-somme des arcs compris entre ses côtés.

Un angle extérieur a pour mesure la demi-différence des arcs compris entre ses côtés.

LES POLYGONES RÉGULIERS ET LA CIRCONFÉRENCE.

Sommaire. — Définition. — Tracé des polygones réguliers. — Polygone inscrit dans un cercle. — Polygone circonscrit. — Moyen d'inscrire un carré. — Conséquences. — Inscription de l'hexagone régulier et du triangle équilatéral. — Angle d'un polygone régulier. — Applications. — Résumé.

Définition. — Nous avons déjà dit et nous rappelons qu'un *polygone régulier* est celui dont tous les angles sont égaux et dont tous les côtés sont égaux. Les deux conditions sont nécessaires. Ainsi, parmi les quadrilatères, le carré seul est régulier. Ni le losange, ni le rectangle ne sont réguliers, car le premier a les côtés égaux seulement et le second n'a que les angles égaux.

Comme nous l'avons déjà fait observer, les objets usuels de forme polygonale sont le plus souvent des polygones réguliers.

Tracé des polygones réguliers. — Les polygones réguliers peuvent être construits par divers procédés, d'autant plus facilement que ces polygones sont plus simples, c'est-à-dire ont moins de côtés.

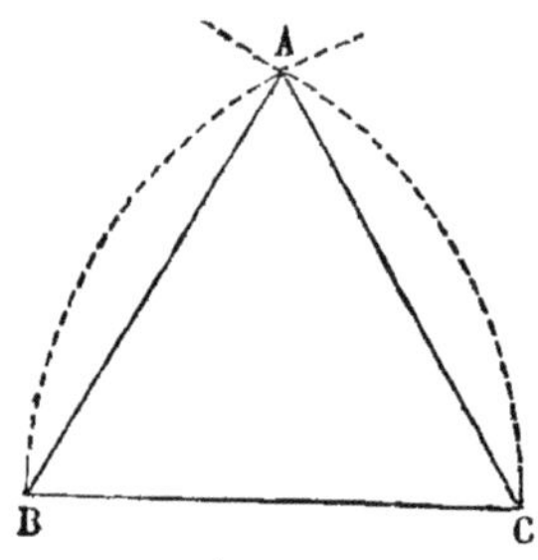

Fig. 115.

Ainsi, pour construire un triangle équilatéral, il suffit de tracer une ligne droite de longueur quelconque, puis, de chacune des extrémités de cette droite, et avec la longueur de cette droite, de décrire un arc. La rencontre des deux arcs fournit le troisième sommet du triangle dont les deux autres sommets sont les extrémités de la droite.

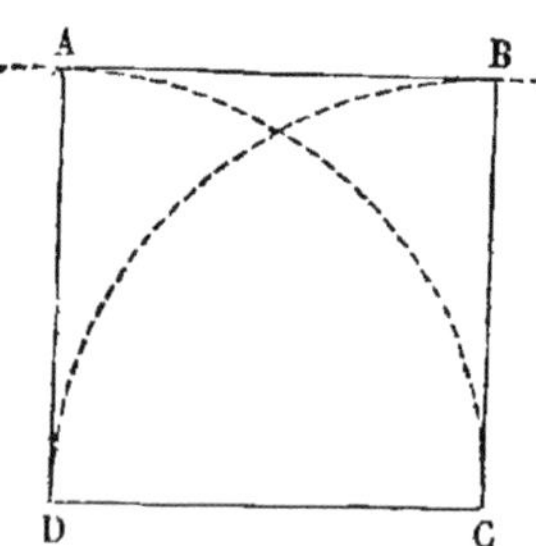

Fig. 116.

S'il s'agit de construire un carré, on tracera la ligne représentant le côté du carré, on mènera deux perpendiculaires à cette ligne, une à chaque extrémité, sur lesquelles on portera la longueur du côté. Ceci fait, on joindra les extrémités de ces perpendiculaires.

Fig 117.

Pour construire un polygone de cinq côtés ou un pentagone, on trace une ligne de la longueur du côté, on mène à chaque extrémité une ligne faisant avec la première un angle égal à celui de tout pentagone régulier. Sur les deux lignes obtenues, on portera une longueur égale au côté donné, et aux deux nouvelles extrémités on recommencera la même construction.

Le même procédé peut être appliqué à tous les polygones réguliers, à la condition de connaître l'angle du polygone ; mais il y a un moyen plus simple, qui consiste à décrire une circonférence, que l'on divise en un certain nombre de parties égales, et à joindre les points de division. Toutefois certains polygones réguliers peuvent être inscrits dans un cercle à l'aide de constructions fort simples que nous allons faire connaître. C'est le cas pour le carré, l'hexagone et le triangle.

Polygone inscrit dans un cercle. — Le polygone qu'on obtient ainsi a tous ses sommets sur la circonférence, et ses côtés sont des cordes. On dit de ce polygone qu'il est *inscrit*[1] dans le cercle. Mais il faut que tous les sommets, sans en excepter un seul, soient sur la circonférence.

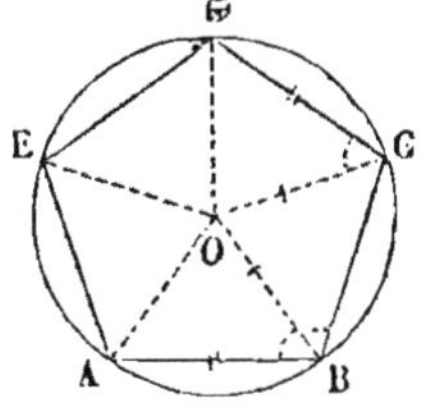

Fig. 118.

Le cercle est dit *circonscrit*[2] au polygone.

On voit par là que la construction d'un polygone régulier se ramène à l'inscription de ce polygone dans un cercle. Or tout polygone régulier peut être inscrit dans un cercle. Car on sait déjà faire passer une circonférence par les sommets A, B, C, et il est facile de voir que

1. De *in*, *dans* ou *à l'intérieur* et de *scrit* ou *écrit*.

2. Formé de *circon*, qu'on retrouve dans circonférence, cirque, etc., signifie *autour*, et de *scrit*, *écrit*.

cette même circonférence passe par les autres sommets.

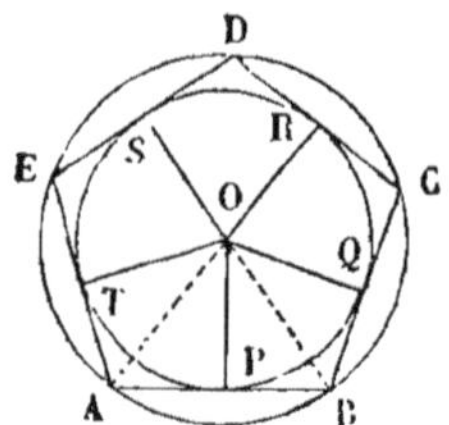

Fig. 119.

Les divers triangles obtenus en joignant le centre O aux sommets sont égaux et par conséquent les lignes OC, OD, OE, sont égales.

Le centre et le rayon du cercle sont aussi appelés centre et rayon du polygone. Mais le polygone a un autre rayon à lui en quelque sorte, c'est la perpendiculaire menée du centre sur un des côtés, et qui passe, comme on sait, par le milieu du côté : on le nomme *apothème*.

Polygone circonscrit. — Si, du centre du polygone, avec l'apothème pour rayon, on décrit une circonférence, elle sera tangente à tous les côtés du polygone, car les triangles inscrits étant égaux, leurs hauteurs sont égales et les perpendiculaires aux extrémités des rayons d'une circonférence sont des tangentes.

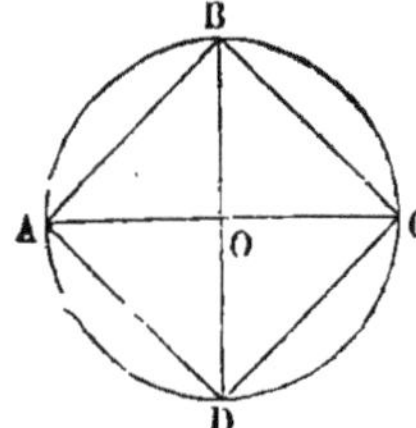

Fig. 120.

Le polygone est dit *circonscrit* au cercle intérieur ainsi tracé.

Moyen d'inscrire un carré. — Menez les deux diamètres AC, BD, perpendiculaires l'un à l'autre. Ceci fait, joignez-en les extrémités par les lignes AB, BC, CD, DA. La figure ABCD est un carré : les côtés sont égaux, car ce sont les cordes d'arcs

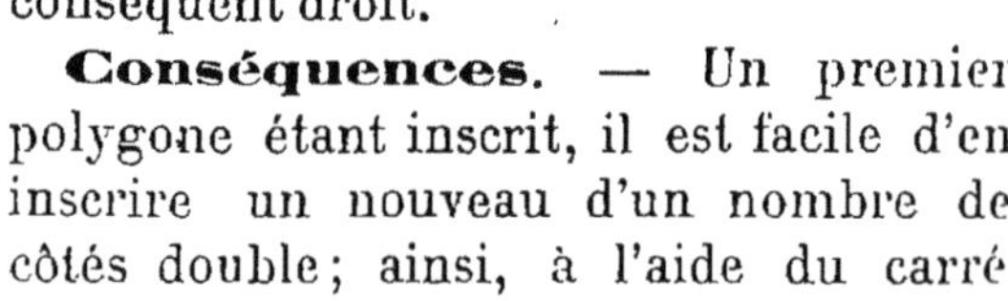
égaux; quant aux angles, chacun d'eux est inscrit dans un demi-cercle, et par conséquent droit.

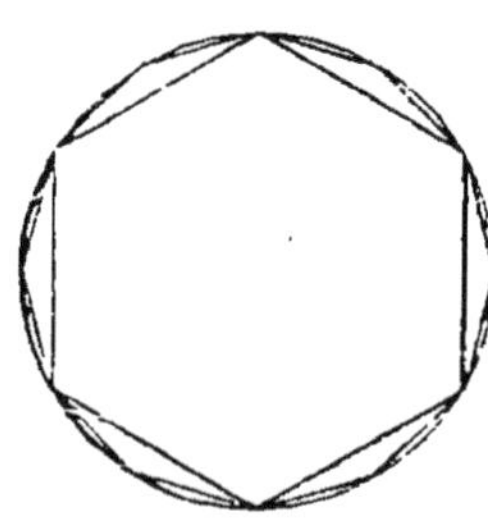
Fig. 121.

Conséquences. — Un premier polygone étant inscrit, il est facile d'en inscrire un nouveau d'un nombre de côtés double; ainsi, à l'aide du carré inscrit, on peut obtenir l'octogone inscrit. Il suffit d'abaisser du centre des perpendiculaires sur les côtés du carré et de les prolonger jusqu'à la circonférence. Chaque arc se trouve ainsi partagé en deux parties égales, et la circonférence se trouve divisée en huit parties égales. Chaque point nouveau étant joint aux deux sommets les plus voisins du carré, on obtient l'octogone régulier inscrit.

Le même procédé appliqué à l'octogone servira à construire le polygone de seize côtés, puis celui de trente-deux et ainsi de suite.

Inscription de l'hexagone régulier et du triangle équilatéral. — Si le côté AB est celui de l'hexagone, l'arc AB est la sixième partie de la circonférence et contient 60°. L'angle O est donc de 60°. Or les trois angles du triangle AOB valent ensemble 180°; donc les angles A et B du triangle valent à eux deux 180°— 60°= 120°, et comme ils sont égaux, puisque les rayons

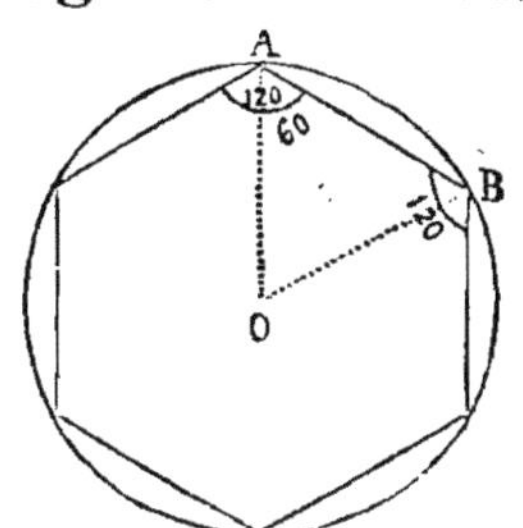

Fig. 122.

OA, OB le sont, il en résulte que chacun d'eux vaut $\frac{120°}{2} = 60°$.

Ainsi les trois angles du triangle sont égaux, et par conséquent aussi les trois côtés, ou, en d'autres termes, ce triangle est équilatéral. Cela revient à dire que *le côté de l'hexagone est égal au rayon.*

Il ne s'agit donc que de prendre la longueur du rayon et de la porter six fois de suite sur la circonférence. On retombera sur le point de départ. Joignant chaque point au suivant, on obtiendra l'hexagone régulier.

Si l'on joint les points de division A, B, C, de deux en deux, le polygone obtenu aura trois côtés. C'est précisément le triangle équilatéral inscrit.

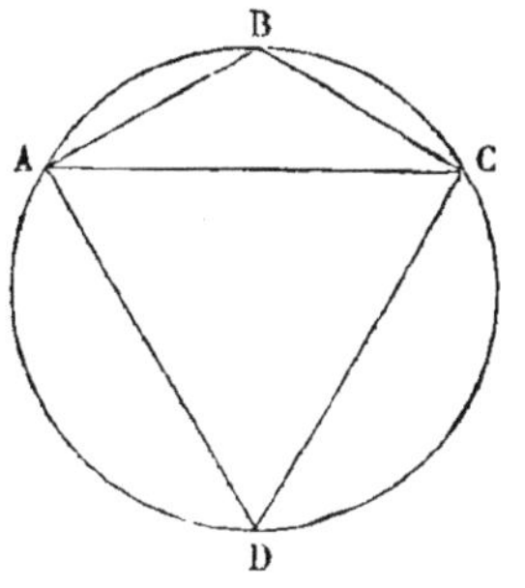

Fig. 123.

Moyen de circonscrire un polygone régulier. — Il suffit, après avoir inscrit dans le cercle donné le polygone régulier ayant le même nombre de côtés que le proposé, de mener à la circonférence des tangentes parallèles aux côtés (fig. 124) ou passant par les sommets de ce polygone inscrit (fig. 125).

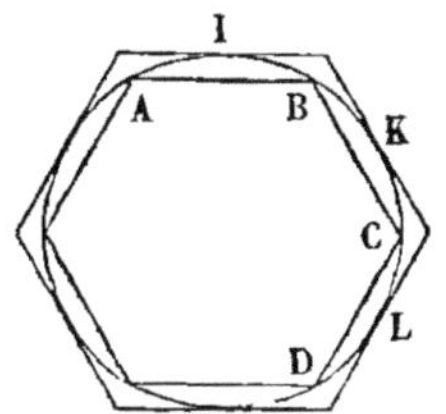

Fig. 124.

Angle d'un polygone régulier. —A la simple inspection des polygones, il est facile de voir que l'angle formé par deux côtés consécutifs croît avec le nombre des côtés. Ainsi, dans le triangle équilatéral, cet angle est de 60° ; dans le carré, il est droit ou de 90° ; il est obtus dans le pentagone régulier et le devient de plus en plus à mesure que le nombre des côtés augmente. Cet angle est l'*angle du polygone régulier*.

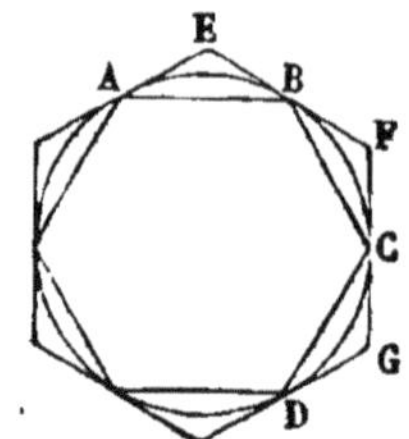

Fig. 125.

Il est aisé d'en connaître la valeur. S'agit-il du pentagone, fig. 118, on voit que l'angle O vaut la cinquième partie de 360°, soit 72°. Donc les deux autres angles A et B du triangle AOB valent ensemble $180° - 72° = 108°$. Or ces deux angles sont égaux puisque le triangle AOB est isocèle à cause des côtés OA et OB qui sont des rayons. Mais l'angle A du pentagone est le double de l'angle A du triangle ; il est donc de 108°.

L'angle de l'hexagone est le double de l'angle A du triangle équilatéral OAB, il est donc de deux fois 60° ou 120°.

On voit la marche à suivre pour tout polygone : évaluer d'abord l'angle au centre, puis en déduire la somme des angles A et B du triangle isocèle qui a pour côtés le côté du polygone et les deux rayons qui aboutissent aux extrémités. En un mot, il suffit *pour obtenir l'angle du polygone de retrancher l'angle au centre, de* 180°.

Exemples : L'*angle au centre* de l'octogone régulier vaut $\frac{360°}{8} = 45°$, l'angle de l'octogone régulier vaut donc :

$$180° - 45° = 135°.$$

L'angle au centre du décagone régulier $= \frac{360°}{10} = 36°$, donc l'angle du décagone régulier $= 180° - 36° = 144°$.

Applications. — Le carrelage du sol de certaines pièces, telles que les vestibules, les galeries, les péristyles, fournit une application de ce qui précède. On peut voir que tout polygone régulier n'est pas propre au carrelage, car il faut que les carreaux se touchent sans laisser de vides entre eux et de façon à recouvrir complétement la surface du sol. Aussi ne voit-on généralement dans les carrelages que des assemblages de carrés, d'hexagones, d'octogones.

Examinons quelques cas :

Inutile de considérer le cas des carreaux en forme de

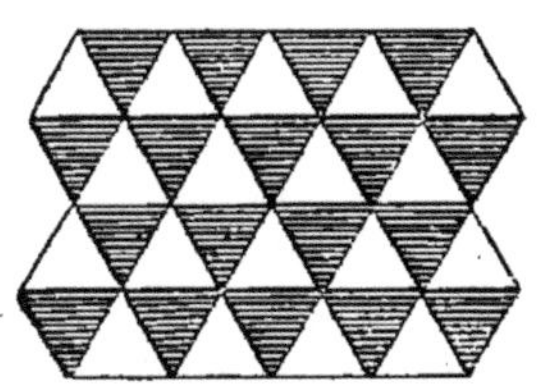

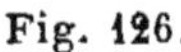

Fig. 126.

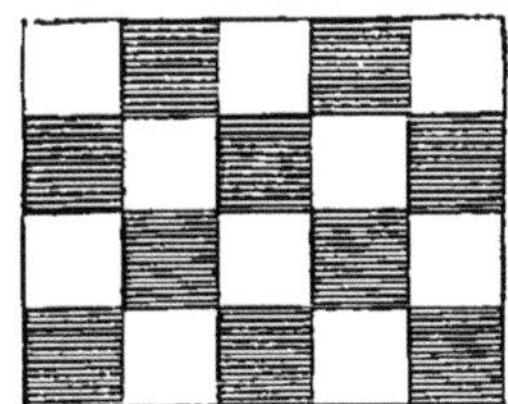

Fig. 127.

triangle équilatéral, puisque par leur assemblage, par six, autour d'un point, ils forment un hexagone régulier (fig. 126).

On peut carreler avec des carreaux hexagonaux (fig. 128), car trois hexagones réguliers groupés autour d'un point ne laissent pas de vides. L'angle de l'hexagone est, en effet, de 120°, et par conséquent les trois angles font $3 \times 120° = 360°$. On répétera autour de chaque sommet ce qu'on vient de faire autour de l'un d'eux.

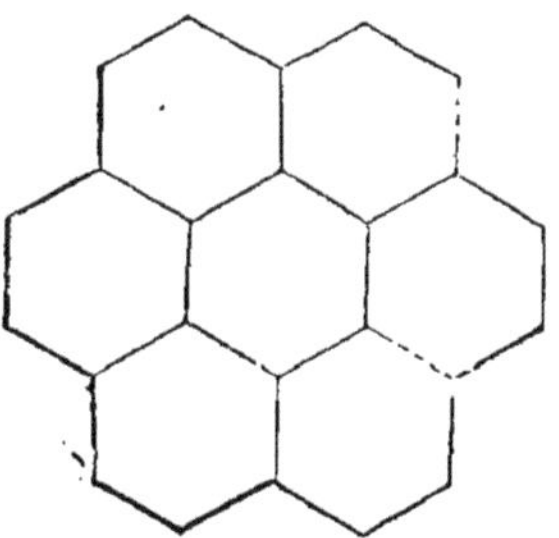

Fig. 128.

Avec des octogones réguliers seuls, on ne peut carreler, car l'angle de ce polygone est de 135°, et deux fois $135° = 270°$: reste un vide de 90° pour parfaire 360°. Ce vide peut être comblé par l'angle droit d'un carreau carré (fig. 129).

L'angle du décagone régulier est de 144°; deux décagones placés de manière à avoir un côté commun laisseront un vide de $360° - 2 \times 144° = 360° - 288° = 72°$. Comme il n'existe pas de polygone dont l'angle soit de 72°, il s'ensuit qu'on ne peut carreler ni avec des décagones seuls, ni avec des décagones combinés avec d'autres polygones réguliers.

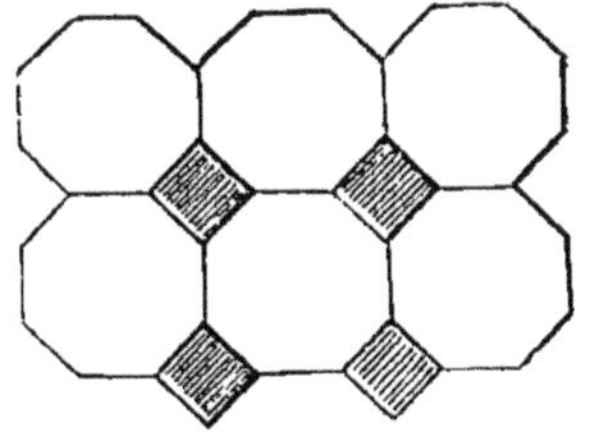

Fig. 129.

Le polygone de douze côtés ou dodécagone régulier peut être combiné avec le triangle équilatéral, car l'angle au centre du dodécagone $= \frac{360°}{12} = 30°$, et l'angle de ce polygone $= 180° -$

30° = 150°. Deux angles de 150°, cela fait 300°; reste donc 60°, qui est l'angle du triangle équilatéral (fig. 130).

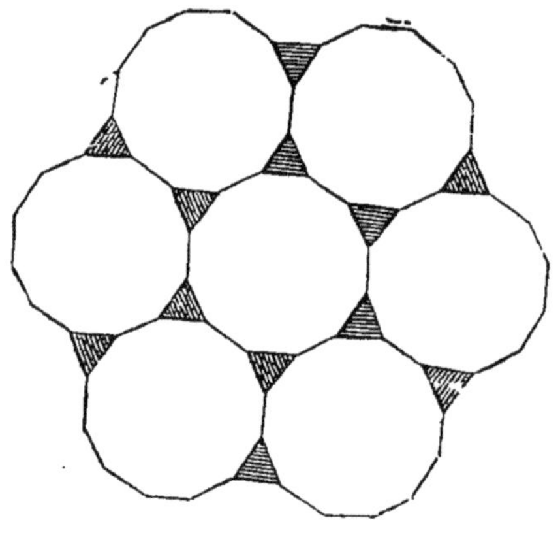

Fig. 130.

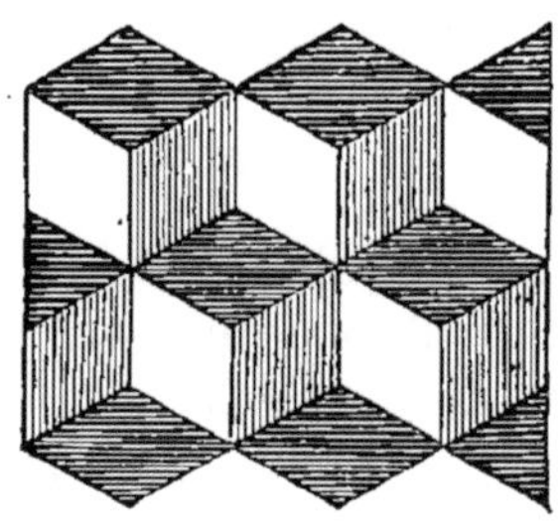

Fig. 131.

Dans tous ces exercices, nous n'avons eu en vue que les carrelages à l'aide de polygones réguliers; il va sans dire qu'on peut faire des combinaisons dans lesquelles entrent des polygones irréguliers. Comme on le voit par la fig. 131 où les polygones associés sont des losanges.

RÉSUMÉ.

Un polygone est dit régulier lorsque tous ses angles sont égaux, ainsi que tous ses côtés.

On peut tracer les polygones réguliers de diverses manières; la plus simple consiste à les inscrire dans un cercle.

Tout polygone régulier peut être inscrit ou circonscrit.

Le centre et le rayon du cercle sont également le centre et le rayon du polygone.

Le polygone a en outre un rayon, celui du cercle inscrit ou apothème.

Pour inscrire un carré dans un cercle, il suffit de mener deux diamètres perpendiculaires l'un à l'autre, et d'en joindre les extrémités.

Le carré circonscrit s'obtiendra soit en menant des tangentes aux sommets du carré inscrit, soit en menant des parallèles aux côtés du carré inscrit.

A l'aide du carré, on peut inscrire ou circonscrire la série des polygones de huit côtés, seize côtés, etc.

Pour inscrire un hexagone, il suffit de porter le rayon du cercle sur la circonférence, il peut y être porté six fois exactement.

Pour circonscrire un hexagone, il n'y a qu'à employer un des procédés précédents.

En joignant les sommets de l'hexagone de deux en deux, on aura le triangle équilatéral.

On a ainsi le moyen d'inscrire ou de circonscrire la série des polygones de trois côtés, six côtés, douze, etc.

On appelle angle d'un polygone régulier l'angle que forment deux côtés consécutifs de ce polygone.

On l'obtient en retranchant de 180° la valeur de l'angle au centre.

MESURE DES SURFACES [1].

SOMMAIRE : Mesure des surfaces. — Figures équivalentes. — Surface du carré. — Remarque. — Surface du rectangle. — Remarque. — Surface du parallélogramme. — Remarque. — Surface du triangle. — Remarques. — Conséquences. — Surface du trapèze. — Surface d'un polygone quelconque. — Surface d'un polygone régulier. — Surface du cercle et du secteur de cercle. — Calcul de la circonférence au moyen du diamètre. — Surface d'un cercle dont on connaît le rayon. — Résumé.

Mesure des surfaces. — On pourrait croire au premier abord que, pour mesurer une surface, il faut porter sur cette surface une plaque carrée représentant 1 unité de surface, comme on mesure les longueurs à l'aide du mètre. Ce n'est pas ainsi qu'on doit l'entendre. Bien qu'on dise d'une surface que sa contenance est d'un certain nombre de mètres carrés ou d'hectares, on n'a porté sur la surface ni une plaque d'un mètre carré ni, à plus forte raison, une plaque de la grandeur d'un hectare.

Il est facile de voir ce qu'un tel procédé a d'impraticable. Nous nous proposons dans ce chapitre de montrer comment on ramène la mesure d'une surface à celle de certaines lignes nommées bases, hauteurs, etc., et à quelques opérations faites sur les nombres qui représentent les longueurs de ces lignes.

Parmi les surfaces, le rectangle et le carré peuvent être décomposés facilement en mètres carrés ou en carrés plus grands ou plus petits. Aussi est-ce par la mesure de la surface du rectangle qu'il convient de commencer l'étude de la mesure des surfaces. On passe ensuite de ces figures à d'autres moins simples, telles que le parallélogramme et le trapèze, en ramenant ces dernières à des rectangles de même étendue.

1. On sait que les surfaces s'évaluent soit en mètres carrés pour les plus petites, soit en ares s'il s'agit de la mesure des champs, soit en kilomètres ou myriamètres carrés pour l'étendue des contrées. L'are équivaut au décamètre carré.
Le seul multiple de l'are est l'hectare ; l'unique sous-multiple est le centiare.

Figures équivalentes. — Cela conduit à considérer des figures qui, sans avoir la même forme, ont la même surface. Ces figures ou ces surfaces sont dites *équivalentes*. Rien d'ailleurs de plus facile à concevoir que des terrains de formes différentes et de même contenance.

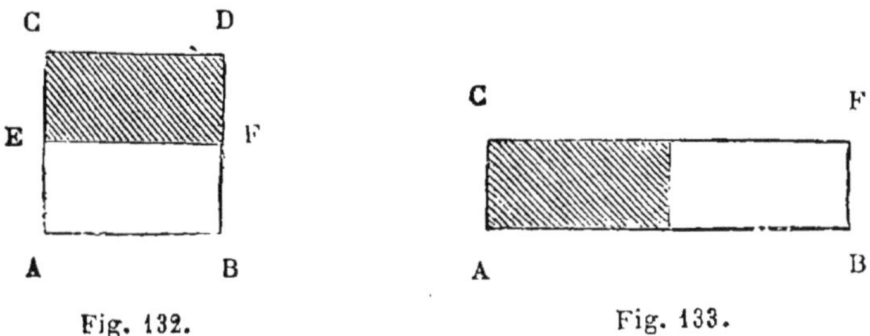

Fig. 132. Fig. 133.

Prenons, par exemple, le carré ABCD, joignons les milieux E, F des côtés opposés par la droite EF. Le carré se trouve ainsi partagé en deux parties égales. — Séparons maintenant ces deux moitiés et plaçons-les bout à bout, nous obtenons le rectangle ACFB qui a évidemment la même surface que le carré. Il lui est *équivalent*.

Le rectangle ACFB peut à son tour être transformé en un parallélogramme équivalent. Il suffit de mener la diagonale AF, puis de séparer les deux triangles rectangles et de placer le triangle ACF de manière que AC coïncide avec FB. On obtient alors le parallélogramme FCAB (fig. 135).

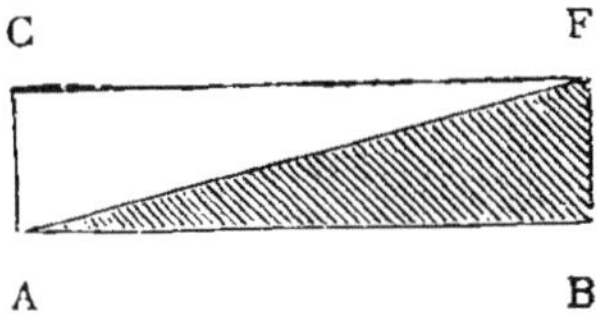

Fig. 134

Au lieu de disposer le triangle ACF comme il vient d'être dit, on peut le retourner d'abord de manière que le point C

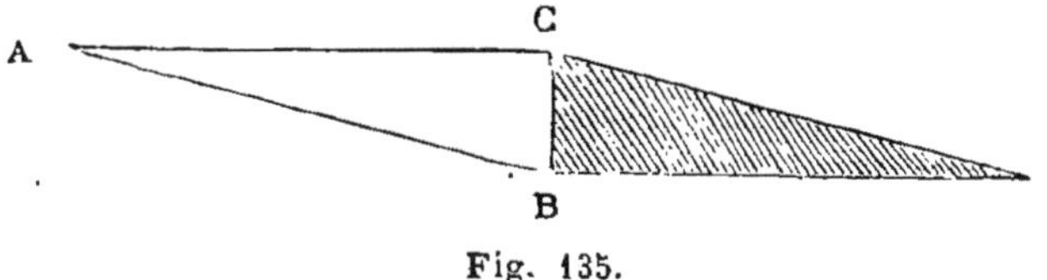

Fig. 135.

soit au-dessus du point A, et on fait coïncider CA avec BF, ce qui donne le triangle isocèle CFA (fig. 136).

Enfin, au lieu de les faire se toucher par leurs petits côtés, on peut faire coïncider les grands côtés, après avoir retourné

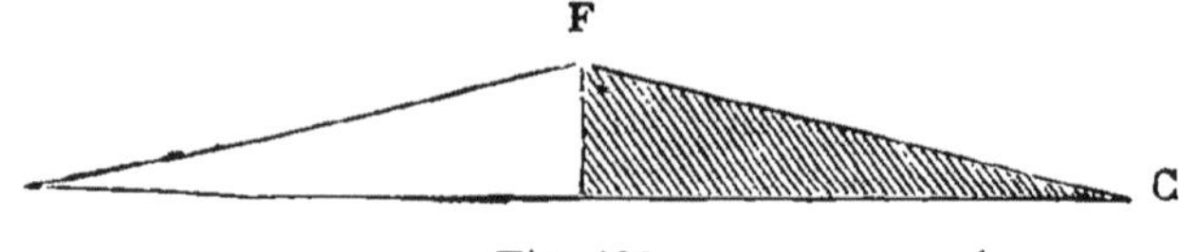

Fig. 136.

l'un d'eux. On obtient alors un nouveau triangle isocèle ABF équivalent à chacune des figures qui précèdent (fig. 137).

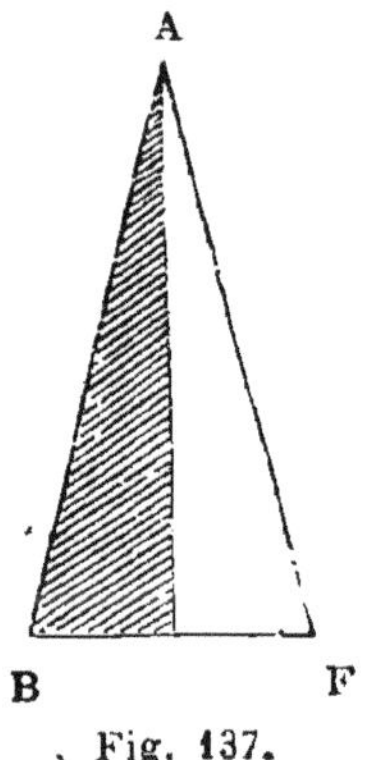

Fig. 137.

Veut-on réaliser ces combinaisons d'une manière plus saisissante, il n'y a qu'à découper des fragments de papier de la forme des triangles précédents, puis à les rapprocher selon les diverses façons indiquées.

On peut donc, si l'on parvient à mesurer un rectangle, ramener l'évaluation d'une surface quelconque à celle d'un rectangle ou d'un carré.

Commençons par la mesure du rectangle ou du carré.

Surface du carré. — Prenons un carré ABCD; portons un mètre sur le côté AC, à partir du point A : nous obtiendrons les points de division 1, 2, 3, 4, 5, en admettant que le côté AC ait juste une longueur de six mètres. Par chacun de ces points, menons des parallèles à AB. Le carré se trouve partagé en six parties ou bandes égales à EFGH, ayant chacune six mètres de long sur un mètre de large.

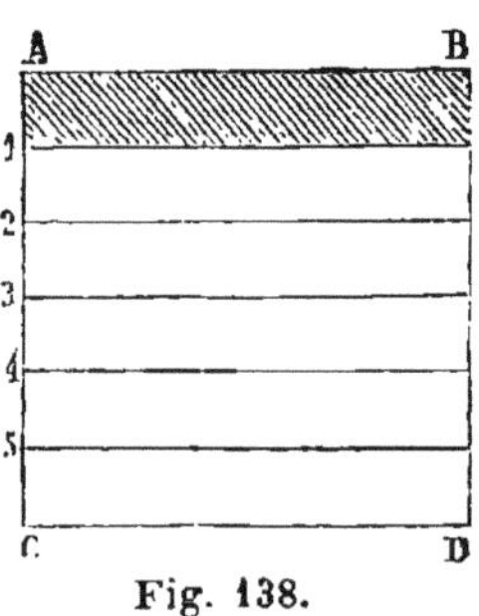

Fig. 138.

Portons maintenant le mètre sur le côté EF, afin d'obtenir également les points de division répondant aux longueurs d'un mètre, puis menons par ces points des lignes parallèles à EG ou perpendiculaires à EF. La bande se trouve ainsi découpée en six parties égales, qui sont des mètres carrés.

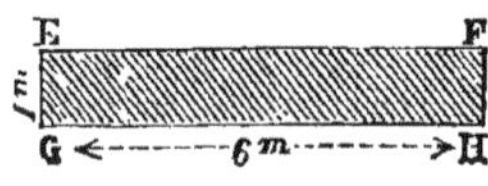

Fig. 139.

Il y a donc six mètres carrés par bande et six bandes dans le grand carré, ce qui fait 6×6 ou 36 mètres carrés pour le nombre de mètres carrés contenus dans le carré proposé.

On peut faire toute la construction sur le carré lui-même en menant, par les points de division de AC, des parallèles à AB, et par les points de division de AB des parallèles à AC. ABCD se trouve ainsi partagé en carrés d'un mètre carré, au nombre de trente-six

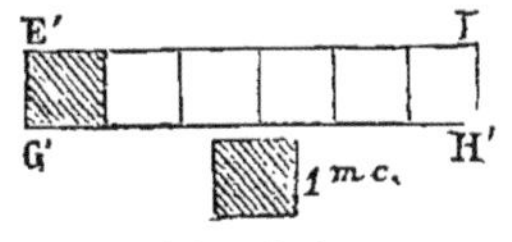

Fig. 140.

Que le côté contienne six mètres ou un tout autre nombre de mètres, on pourra toujours faire la construction précédente et *on obtiendra le nombre des mètres carrés contenus dans la surface du carré en multipliant par lui-même le nombre qui représente la longueur du côté*[1].

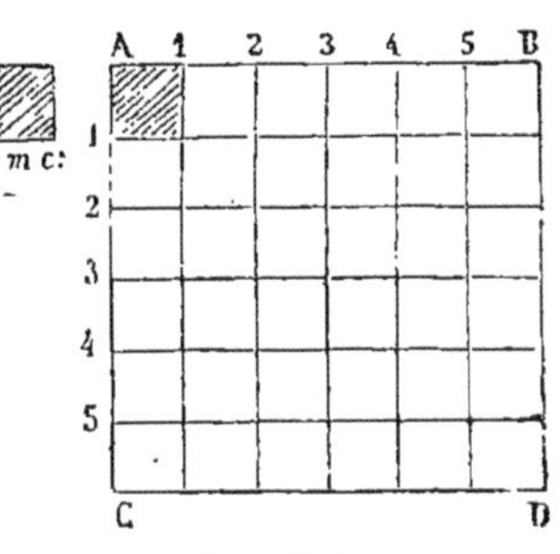

Fig. 141.

Nous avons supposé dans l'exemple qui précède que le côté du carré contient un nombre entier de mètres, mais le mode de raisonnement s'applique tout aussi bien au cas où la longueur du côté est exprimée par un nombre contenant des mètres et des subdivisions du mètre. Si le côté a, par exemple, pour longueur $6^{m},35$, cela revient à dire que sa longueur est de six cent trente-cinq centimètres, et on fera la décomposition précédente en prenant pour unité le centimètre.

Au lieu de six bandes, on en aura six cent trente-cinq; et au lieu de 6×6 ou 36 mètres carrés, on aura 635×635 centimètres carrés. C'est donc comme si l'on multipliait le nombre 635 par lui-même, le résultat étant exprimé en centimètres carrés.

Remarque. — On voit maintenant pourquoi les multiples ou les sous-multiples du mètre carré sont de cent en cent fois plus grands ou plus petits. Il suffit de décomposer le mètre carré en décimètres carrés, comme il vient d'être dit, et on s'assurera qu'il en contient cent.

1. De là vient le nom de *carré* sous lequel on désigne le plus souvent la *deuxième puissance* d'un nombre.

On croit toujours, au premier abord, qu'il y a contradiction entre la valeur de la mesure et son nom, et comme *décimètre* signifie *dixième du mètre,* on en conclut avec une apparence de logique que *décimètre carré* doit signifier *dixième du mètre carré.* Mais *décimètre carré* s'écrit, comme on le voit, en deux mots, et signifie *carré ayant un décimètre de côté.* Or le carré dont le côté a un décimètre de long est bien en effet la *centième partie* de celui qui a un mètre de long.

Surface du rectangle. — Il n'est pas nécessaire de recommencer le raisonnement déjà fait à propos du carré. Il suffit de l'appliquer au rectangle. Le côté CD contenant sept mètres de longueur et le côté AC ayant trois mètres, on voit par la figure que le rectangle contient $7 \times 3 = 21$ m c.

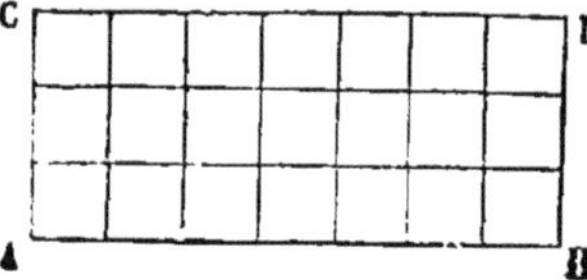

Fig. 142.

Donc la surface d'un rectangle s'obtiendra en faisant le produit du plus long côté par le plus petit. On peut encore dire que *la surface du rectangle est égale au produit de ses deux dimensions*, ou encore, *au produit de la base par la hauteur.*

Remarque. — Il suit de ce qui précède que si l'on connaît la surface d'un rectangle et l'une de ses dimensions, on obtiendra l'autre dimension en divisant le nombre qui exprime la surface par celui qui exprime la dimension donnée.

Si l'on veut chercher le côté d'un carré dont on connaît la surface, il faut extraire la racine carrée du nombre qui représente la surface.

Exercice. — Combien dépenserait-on, à 0,80 le mètre carré, pour faire couvrir d'une couche de peinture les quatre murs et le plafond d'une salle rectangulaire ayant 6m,15 de longueur, 3m,75 de largeur et 2m,90 de hauteur?

Si nous connaissions la surface à peindre, il suffirait évidemment, pour connaître la dépense, de multiplier cette surface par le prix d'un mètre carré.

La surface en question se compose de cinq rectangles, savoir : les quatre murs et le plafond. Deux des murs, situés vis-à-vis l'un de l'autre, ont les mêmes dimensions, qui sont la longueur de la salle et sa hauteur. Les deux autres murs, égaux aussi, ont pour dimensions la largeur de la salle et sa hauteur. Enfin le plafond a pour dimensions la largeur et la longueur de la salle.

Il faut donc ajouter deux fois la surface d'un mur, ou $2 \times 6{,}35 \times 2{,}90 = 36{,}83$;

Plus deux fois la surface du mur adjacent, ou $2 \times 3{,}75 \times 2{,}90 = 21{,}75$;

Plus la surface du plafond, ou $6{,}35 \times 3{,}75 = 23{,}8125$.

En faisant cette somme, on obtient pour la surface à couvrir de peinture : 82 mèt. car. 3925 cent. La dépense sera donc de $82{,}3925 \times 0{,}80$ ou 65,91.

Autre exercice. — Combien faudra-t-il d'un tapis ayant 1m,20 de largeur pour tapisser le parquet d'une chambre rectangulaire dont les dimensions sont 4m,50 et 5m,40 ?

La pièce d'étoffe, déroulée, offre la forme d'un long rectangle. C'est la longueur exacte de ce rectangle que l'on demande.

Il doit avoir une surface équivalente à celle qu'il servira à recouvrir. Cette dernière étant de 4m,50 × 5,40 = 24 mèt. 30 déc. carrés, la question est celle-ci : trouver la longueur d'un rectangle dont la surface est de 24m c,30 et la largeur de 1m,20.

Nous savons que le résultat demandé n'est autre que le quotient de 24,30 par 1,20. Ce quotient est 20,25. Il faudra donc 20m,25 de tapis.

Remarque. — Dans l'application, ces 20m,25 se trouveront divisés en bandes de 1m,20 de large et de 5m,40 de long. On voit qu'après la pose de trois bandes, il ne restera plus à couvrir qu'une zone de 0,90 de large.

Comment recouvrir cette zone étroite sans sacrifier l'étoffe, c'est-à-dire sans en employer plus que n'indique la solution du problème.

Pour y parvenir, il suffit de remarquer qu'après la pose des trois bandes entières, on a employé trois fois 5m,40 de tapis ou 16m,20. Si on en a pris 20,25, il en reste 4m,05. Coupons-en une bande de 0,90 de large, elle vient recouvrir 4,05 de la zone qui restait, et pour recouvrir le reste de la zone on a une bande de tapis de 4m,05 de long et de 0m,30 de large (0m,30 est la différence entre 1m,20 et 0,90).

Il faut maintenant couper la bande étroite de tapis qui nous reste en trois longueurs égales, et placer les morceaux côte à côte ; trois morceaux de 0,30 de large recouvrent en effet une largeur de 0,90 ; et comme chacun d'eux a pour longueur le tiers de 4,05 ou 1m,35, il occupe bien toute la longueur de la zone, laquelle est la différence entre 5m,40 et 4m,05.

Surface du parallélogramme. — Il est facile de déduire la surface du parallélogramme de celle du rectangle.

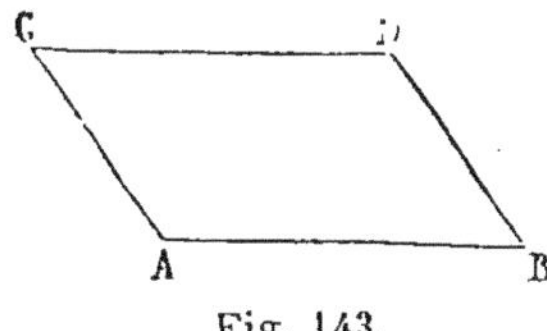

Fig. 143.

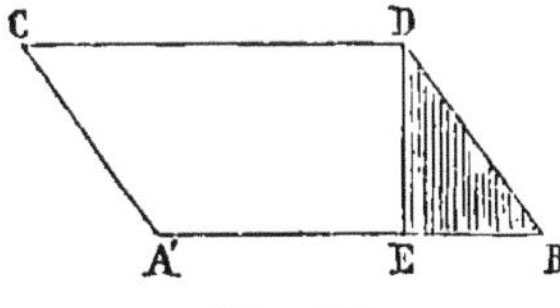

Fig. 144.

Menez la perpendiculaire DE commune aux parallèles AB et CD, et qu'on nomme *hauteur* du parallélogramme, puis détachez le triangle DBE et portez-le à l'autre extrémité du parallélogramme en DBF. Le parallélogramme se trouve ainsi transformé en un rectangle équivalent CDEF. La hauteur CE du parallélogramme est devenue la hauteur du rectangle. La base CD est tout à

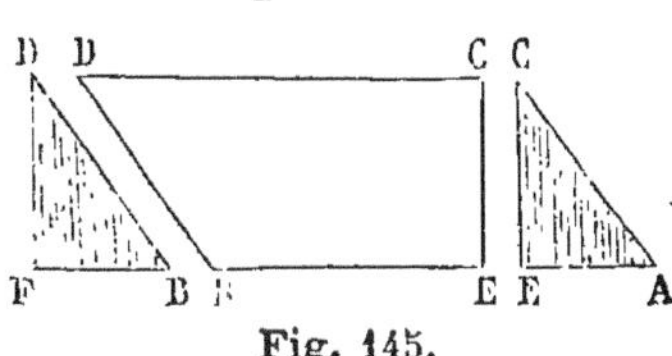

Fig. 145.

la fois base de l'une et de l'autre figure. Le même produit CD×CE est donc la valeur de la surface du parallélogramme ou du rectangle.

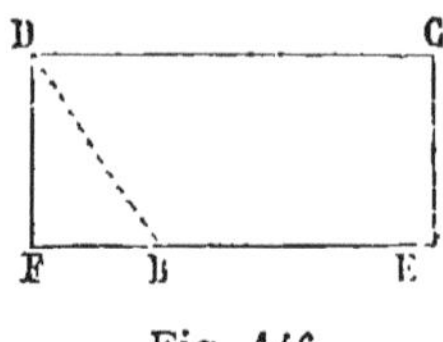

Fig. 146.

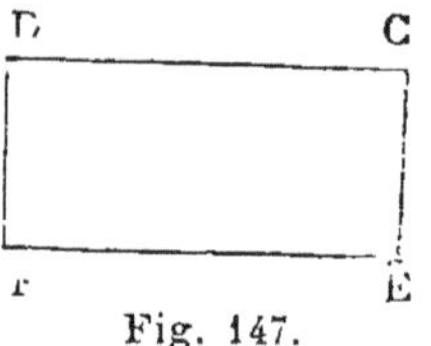

Fig. 147.

La surface d'un parallélogramme est donc égale au produit de la base par la hauteur.

Remarque. — Quelle que soit la forme du parallélogramme, et, par conséquent, lorsqu'il est losange, la mesure de la surface s'obtient de la même manière. Toutefois on peut évaluer plus commodément la surface du losange à l'aide des diagonales qui, on le sait, sont perpendiculaires l'une à l'autre.

Le losange ABCD est en effet la moitié du rectangle EFGH obtenu en menant par les sommets des parallèles aux diagonales. La première figure contient quatre triangles rectangles égaux, et la seconde huit de ces mêmes triangles.

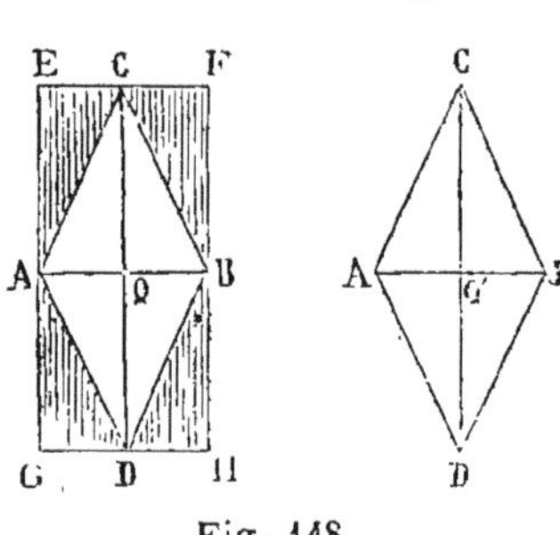

Fig. 148.

Or le rectangle a pour dimension les diagonales du losange ; sa surface est donc égale au produit de ces diagonales, et le losange, qui n'en est que la moitié, ne vaut que la moitié de ce même produit.

Surface du triangle. — C'est également de la mesure du rectangle que nous allons déduire celle du triangle. Ayant

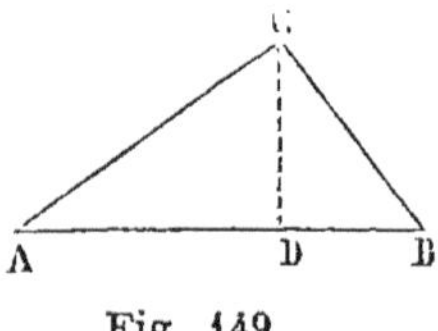

Fig. 149.

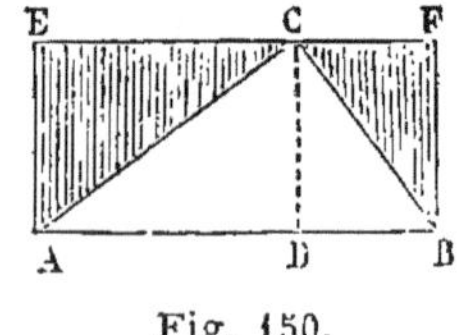

Fig. 150.

mené la hauteur CD du triangle ABC dont la base est AB, on décompose ce triangle en deux autres, ACD, DCB, tous deux rectangles en D. On trace alors les lignes AE, BF, perpendiculaires à la base, et la parallèle EF, menée par le point C à cette même base. Le rectangle ABEF est double du triangle ABC, car le triangle AEC vaut ADC et CFB vaut DCB.

Ce rectangle a pour mesure AB×CD; donc le triangle a pour mesure la moitié de ce même produit.

La surface d'un triangle s'obtient donc en multipliant la base par la hauteur et prenant la moitié du produit obtenu

Remarques. — 1° Comme on peut prendre pour base d'un triangle un côté quelconque, il s'ensuit qu'il y a trois bases, trois hauteurs correspondantes, et, par conséquent, trois manières d'obtenir la même surface.

2° Dans un triangle rectangle, les deux côtés de l'angle droit sont naturellement les dimensions, c'est-à-dire la base et la hauteur du triangle.

3° Au lieu de faire le produit des deux dimensions et de prendre la moitié du produit, on peut multiplier la base par la moitié de la hauteur ou la hauteur par la moitié de la base.

Conséquences. — Tous les parallélogrammes et tous les triangles qu'on peut construire ayant la même base et la même hauteur auront la même surface ou seront équivalents. Ainsi, prenant les longueurs AB, BC, CD égales, et joignant le point E aux points A, B, C, on obtient des triangles équivalents ABE, BEC, CDE, car ils ont des bases égales et une hauteur commune EF (fig. 151).

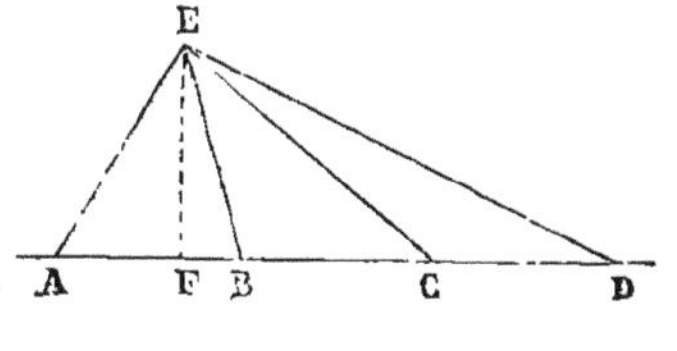

Fig. 151.

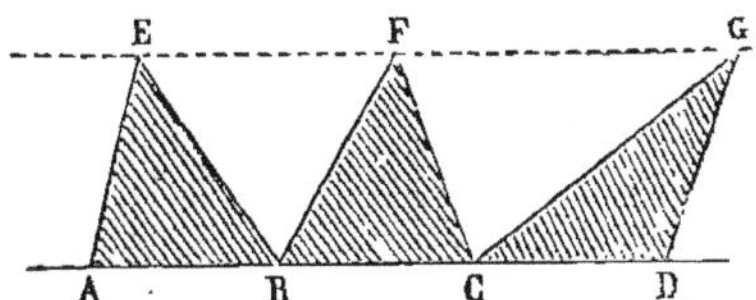

Fig. 152.

Au lieu de leur donner un sommet commun, on peut prendre les sommets E, F, G, sur une même parallèle EFG à AD (fig. 152).

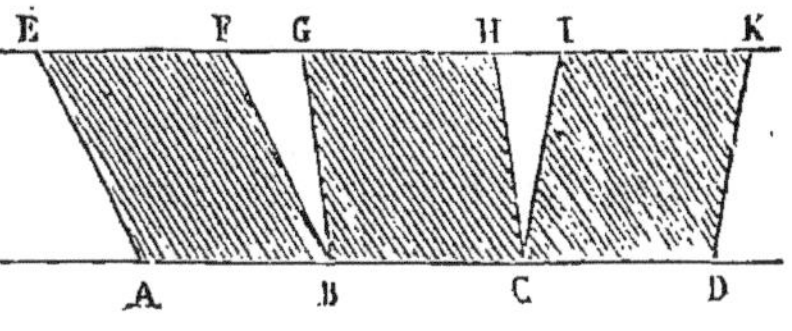

Fig. 153.

De même tous les parallélogrammes, tels que ABEF, BCGH, CDIK, ont même surface ou sont équivalents.

Surface du trapèze. — Disons d'abord que le trapèze a deux bases qui sont les deux côtés parallèles : AB, grande base, CD, petite base. La hauteur est la perpendiculaire EF commune aux bases.

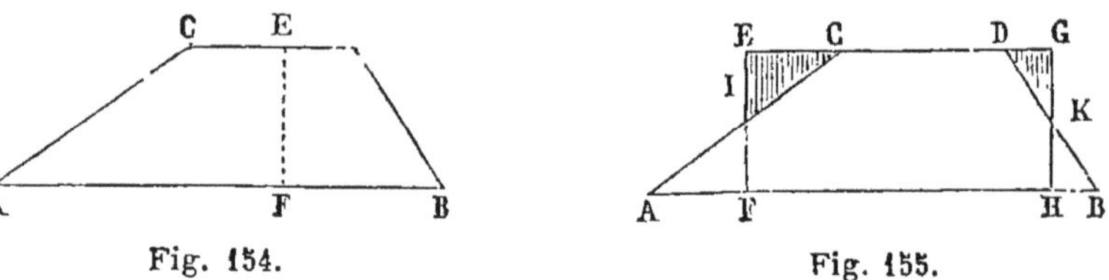

Fig. 154. Fig. 155.

Nous allons maintenant ramener la mesure de la surface du trapèze à celle du rectangle. A cet effet, nous prenons les points milieux I et K des côtés non parallèles AC et BD. Par ces points milieux, nous menons EF et GH, perpendiculaires communes aux bases et égales à la hauteur du trapèze. La petite base est ensuite prolongée jusqu'à la rencontre des perpendiculaires.

Observons que les triangles ECI et AIF sont égaux; qu'il en est de même des triangles DGK et KHB : ils ont en effet un côté égal adjacent à deux angles égaux. Dès lors, détachons du trapèze les deux triangles du bas et remplaçons-les par ceux du haut. Voilà le trapèze transformé en un rectangle EFGH, lequel a pour mesure EF×FH. EF est en même temps la hauteur du rectangle et celle du trapèze; reste donc à savoir ce qu'est la base FH du rectangle par rapport aux bases du trapèze.

Or remarquons que EC est égal à AF, DG égal à HB. On peut donc dire que la ligne FH vaut la petite base CD plus les portions EC et DG, ou la grande base, moins les mêmes portions AF et BH. Ce que la grande base contient en plus, la petite le contient en moins. Les deux bases réunies valent donc le double de la base du rectangle, ou, ce qui revient au même, FH *est* la moitié de la somme ou *la demi-somme des bases*.

Nous pouvons maintenant donner le moyen suivant *pour obtenir la surface du trapèze : multipliez la demi-somme des bases par la hauteur*.

Exercice. — Quelle est la surface de la grande voile d'un navire, le bord supérieur de la voile ayant $9^m,75$, le bord inférieur $16^m,35$, et la distance entre ces deux bords parallèles étant de $10^m,30$?

La voile affecte la forme d'un trapèze dont les bases ne sont autres que les bords parallèles de la voile.

Pour en obtenir la surface, il suffira donc de faire la somme $9{,}75+16{,}35$ et de multiplier par $10{,}30$ la moitié de cette somme.

Or $9{,}75+16{,}35=26{,}10$, dont la moitié est de $13{,}05$;

Et $13{,}05\times 10{,}30=134{,}4150$.

La surface de la voile est donc de 134 mètres carrés, 41 décimètres carrés, 50 centimètres carrés.

Nous venons de donner pour le triangle et les divers quadrilatères des procédés commodes pour en évaluer la surface, et qu'on énonce très-simplement. Ainsi on obtient la surface d'un carré, d'un rectangle ou d'un parallélogramme en multipliant la base par la hauteur; pour obtenir celle du triangle, on prend la moitié de ce même produit, et enfin, quant au trapèze, c'est la demi-somme des bases qu'il faut prendre au lieu de la base.

Ce sont là en quelque sorte les surfaces élémentaires à l'aide desquelles on calcule toutes les autres. Il n'est pas de polygone qu'on ne puisse décomposer en triangles dont la somme donnera la surface du polygone.

Surface d'un polygone quelconque. — Ainsi le polygone ABCDHK peut être décomposé en triangles de diverses manières, soit en menant toutes les diagonales qui partent d'un même sommet, soit en prenant un point dans l'intérieur et le joignant à tous les sommets.

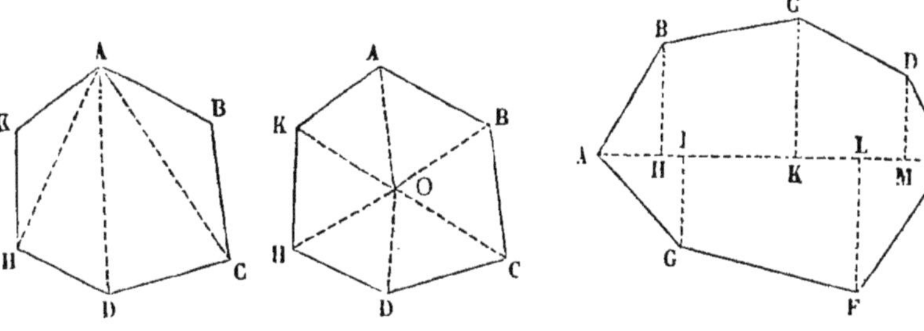

Fig. 156.

Fig. 157.

Mais, bien que le triangle soit le polygone le plus simple, ce n'est pas celui qui permet l'évaluation de la surface de la manière la plus commode. Le plus souvent, pour ne pas dire toujours, on décompose un polygone en triangles et en trapèzes, et particulièrement en triangles rectangles et trapèzes rectangles.

L'instrument habituel de l'arpenteur rend cette décomposition facile : c'est ce qu'on nomme *l'équerre d'arpenteur*. Cet instrument permet de mener des perpendiculaires. C'est un cylindre ou un prisme en métal, percé de quatre fentes disposées deux à deux dans des directions perpendiculaires l'une à l'autre. De sorte que si deux des fentes se trouvent dans la direction d'une ligne, les deux autres se trouvent dans la direction perpendiculaire à cette ligne. Les polygones sont alors décomposés de la manière suivante :

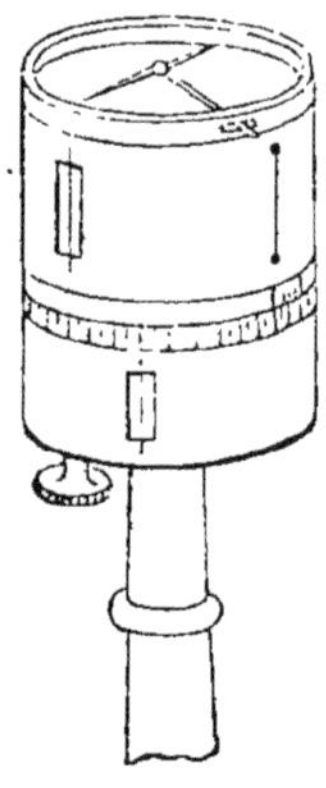
Fig. 158.

On mène la diagonale qui partage le polygone en deux parties sensiblement égales, puis des divers sommets on abaisse des perpendiculaires sur cette diagonale. L'aspect seul de la figure 157 nous montre des triangles rectangles et des trapèzes rectangles, toutes surfaces faciles à évaluer.

Surface d'un polygone régulier. — Si le polygone est régulier, on le décompose en triangles qui ont le centre du polygone pour sommet commun et pour base les divers côtés du polygone. Il y a autant de ces triangles que de côtés dans le polygone. Chacun de ces triangles OAB, OBC... a la même base, puisque tous les côtés du polygone sont égaux, et la même hauteur qui est l'apothème du polygone.

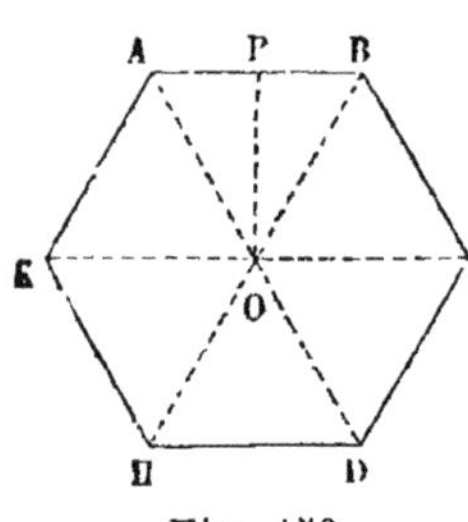

Fig. 159.

Pour obtenir la surface de ABC, il faut multiplier le côté AB du polygone par la moitié de l'apothème OP.

$$\text{Soit : } AB \times \frac{1}{2} OP.$$

Si le polygone compte cinq, six, sept côtés, il faut prendre cinq, six, sept fois la surface du triangle pour obtenir celle du polygone; en un mot, autant de côtés, autant de triangles.

Or cela revient précisément à *multiplier le contour*

ou périmètre du polygone par la moitié de l'apothème.

Surface du cercle et du secteur de cercle. — On peut appliquer au cercle ce que nous venons de dire des polygones réguliers, car, ainsi que nous l'avons dit plus haut, à mesure que le nombre des côtés est de plus en plus grand, les angles s'effacent, le contour devient plus uni et le polygone ressemble de plus en plus à une circonférence. L'apothème se confond alors avec le rayon proprement dit. Donc *la surface d'un cercle est égale au produit de sa circonférence par la moitié de son rayon.*

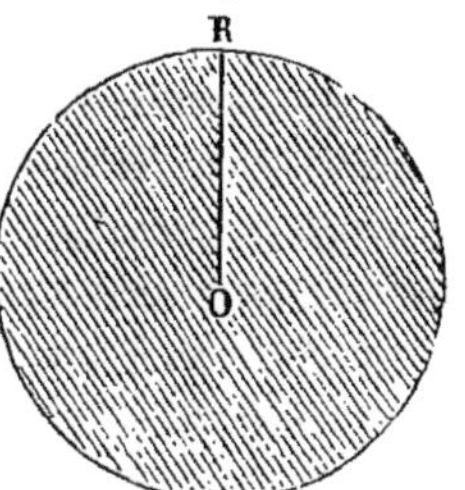

Fig. 160.

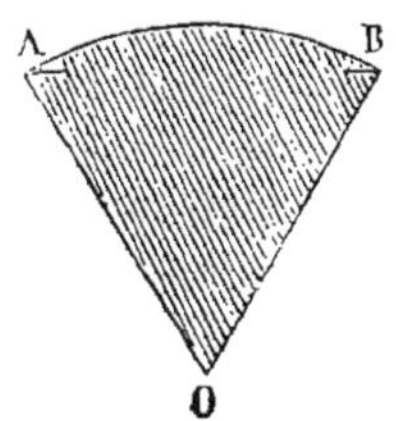

Fig. 161.

S'il s'agit d'un secteur, c'est la longueur de son arc qu'il faut multiplier par la moitié du rayon.

Il se peut qu'on donne l'angle du secteur dont il faut évaluer la surface. Qu'on demande, par exemple, la surface d'un secteur de 30° dans un cercle dont le rayon est connu. Dans ce cas, il suffit de comparer l'angle de 30° à 360° pour savoir combien de fois cet arc est contenu dans la circonférence. On voit qu'il y est contenu douze fois, et on en conclut que la surface du secteur est la douzième partie de celle du cercle dont il fait partie. On est donc conduit à évaluer la surface du cercle, afin d'obtenir celle du secteur, qui en est une fraction.

Calcul de la circonférence au moyen du diamètre. — Pour obtenir le périmètre d'un polygone, on se sert généralement de la longueur d'un de ses côtés, que l'on multiplie par le nombre des côtés. Le même procédé ne saurait être employé pour connaître la longueur de la circonférence. On ne peut donc que mesurer directement avec un fil la longueur de la circonférence.

Nous verrons bientôt qu'il existe un rapport constant entre toute circonférence et son diamètre. Si la circonférence est plus ou moins grande, le diamètre est aussi plus ou moins grand, mais le rapport reste toujours le même. Il ne s'agit donc que de déterminer, une fois pour toutes, ce rapport, pour conclure de la longueur du diamètre celle de la circonférence, ou réciproquement.

Ce rapport est égal à 3,14 environ, c'est-à-dire que toute circonférence contient 3,14 fois son diamètre et par conséquent deux fois plus, 6,28, son rayon.

Surface d'un cercle évaluée à l'aide du rayon. — Ainsi le rayon d'une circonférence étant connu, on en déduit la longueur de cette circonférence en multipliant la longueur du rayon par le nombre 6,28. Or, pour calculer la surface du cercle correspondant, il faut multiplier la circonférence par la moitié du rayon. Cela revient donc à multiplier le rayon par 6,28, puis à multiplier le résultat de cette première opération par la moitié du rayon, ou, si l'on veut, à effectuer la multiplication suivante :

$$\text{Rayon} \times 6{,}28 \times \frac{1}{2}\,\text{rayon}$$

ou, en désignant le rayon par R et intervertissant l'ordre des facteurs,

$$R \times R \times \frac{6{,}28}{2} = R^2 \times 3{,}14,$$

c'est-à-dire à *faire le carré du rayon et à multiplier le résultat par* la moitié de 6,28 ou 3,14.

RÉSUMÉ.

La mesure d'une surface s'obtient à l'aide d'opérations arithmétiques faites sur certaines lignes appartenant à la surface.

On déduit la mesure des divers quadrilatères et du triangle de celle du rectangle ou du carré.

Dans ce but, on remplace chacune de ces figures par un rectangle qui a la même surface.

On nomme figures équivalentes celles qui ont la même étendue en surface sans avoir la même forme.

La surface d'un carré s'obtient en multipliant son côté par lui-même ou en faisant le carré du côté.

Les multiples et les sous-multiples du mètre carré sont de cent en cent fois plus grands ou plus petits.

La surface du rectangle est égale au produit de sa base par sa hauteur ou au produit de ses deux dimensions.

La surface du parallélogramme est égale au produit de sa base par sa hauteur.

La surface du losange peut encore s'obtenir en prenant la moitié du produit des diagonales.

La surface du triangle est égale à la moitié du produit de la base par la hauteur.

La surface du trapèze est égale au produit de la demi-somme des bases par la hauteur.

La surface d'un polygone quelconque s'obtient en le décomposant en triangles et quadrilatères dont on évalue séparément les surfaces, puis on fait la somme de ces surfaces partielles pour avoir la surface du polygone.

La surface d'un polygone régulier est égale à la moitié du produit du périmètre du polygone par l'apothème ou au produit du périmètre par la moitié de l'apothème.

La surface du secteur est égale au produit de son arc par la moitié du rayon.

La surface du cercle est égale à la moitié du produit de la circonférence par le rayon ou au produit du carré du rayon par le nombre 3,14.

FIGURES SEMBLABLES.

SOMMAIRE : — Définition. — Du rapport de deux lignes. — Lignes proportionnelles. — Applications. — Diviser une ligne droite en parties proportionnelles à des longueurs données. — Diviser une droite en parties égales. — Échelle de réduction. — Triangles semblables. — Polygones semblables. — Remarque. — Rapport des périmètres de deux figures semblables. — Conséquences. — Rapport de la circonférence au diamètre. — Rapport des surfaces de deux figures semblables. — Propriétés du triangle rectangle. — Remarque. — Moyenne proportionnelle à deux lignes données. — Résumé.

Définition. — Le plus souvent, dans le langage ordinaire, le mot *semblable* est employé comme synonyme d'*égal*. Si l'on dit à un écolier : « Faites ce dessin de tous points semblable au modèle, » cela signifie ordinairement qu'il doit le faire égal. Dans la langue des géomètres, le mot semblable a un sens différent ; il signifie *ressemblance sans égalité*. Une figure semblable à une autre peut être plus petite ou plus grande. C'est ainsi que tous les carrés sont semblables entre eux ou se ressemblent. Une comparaison familière fera encore mieux comprendre les choses : imaginez que vous regardiez un objet avec un verre grossissant ; vous le voyez plus grand, mais sa forme est restée la même ; elle est semblable à celle de l'objet. Changez maintenant de verre, prenez-en un qui diminue à vos yeux l'étendue des corps, l'image de l'objet vous paraîtra plus petite, mais non déformée.

On voit par ces exemples que par *figures semblables* il faut entendre *des figures qui ont la même forme sans avoir la même grandeur*. L'une est en petit ce que l'autre est en grand. C'est précisément l'inverse des figures équivalentes, qui, ainsi qu'on l'a vu, ont la même grandeur sans avoir la même forme.

Voyons maintenant les choses plus en détail, et cherchons à quelle condition la forme d'une figure reste la même lorsque sa surface augmente ou diminue. Nous disions plus haut que tous les carrés sont semblables, et en effet la forme de tous les carrés, grands et petits, est toujours la même, car dans chacun les quatre angles sont droits, les quatre côtés sont égaux. Pour tous les rectangles, il n'en est plus de même :

sans doute les angles sont droits, mais les côtés ne sont pas égaux, et dès lors, pour qu'un rectangle ressemble à un autre rectangle, il faut qu'entre la base et la hauteur de chacun le rapport soit le même. Ainsi, par exemple, tous les rectangles dans lesquels la base est double de la hauteur sont des figures semblables.

L'égalité des angles, pris *chacun à chacun*, comme disent les géomètres, telle est la première condition à laquelle doivent satisfaire les figures semblables. N'est-il pas évident, d'ailleurs, que la ressemblance des figures résulte en partie de la direction des lignes qui en limitent les contours, et, par conséquent, des angles que ces lignes forment entre elles? A cette condition, il faut ajouter que les divers côtés et les diagonales, pris chacun à chacun, soient dans le même rapport. Si, par exemple, un des côtés, dans l'une des figures, est double de celui qui lui correspond dans l'autre, il doit en être de même de tous les côtés comparés à leurs correspondants. C'est ce qu'on exprime en disant que *les côtés homologues*[1] *sont proportionnels.*

Et maintenant, réunissant les deux conditions, nous dirons que *deux figures sont semblables lorsque les angles sont égaux chacun à chacun et les côtés homologues proportionnels.*

Ceci nous conduit tout naturellement à dire un mot de la manière dont on compare deux lignes, ou dont on trouve leur rapport.

Du rapport de deux lignes. — Chacun est familiarisé avec la notion du rapport lorsqu'il s'agit de nombres. On sait que si l'on compare deux nombres, c'est pour en connaître la différence ou le quotient, pour savoir de combien l'un surpasse l'autre ou combien de fois l'un contient l'autre. Il n'en est pas autrement du rapport de deux lignes. Toutefois il est bon d'observer que, généralement, lorqu'on parle de rapport entre deux nombres ou entre deux lignes, il faut entendre qu'il s'agit du rapport par quotient.

On peut d'ailleurs toujours ramener la comparaison de deux lignes à celle de deux nombres, car il ne s'agit que

1. *Homologues* ou semblablement placés.

d'exprimer chaque ligne par le nombre de mètres qu'elle contient.

Ainsi, la hauteur du Mont-Blanc étant de 4815 mètres et

Fig. 162. — Mont Blanc.

celle du Puy-de-Dôme de 1465 mètres, le rapport de ces deux hauteurs est $\frac{4815}{1465}$, c'est-à-dire que la hauteur du Mont-Blanc est un peu plus du triple de celle du Puy-de-Dôme. De même, si l'on veut comparer la longueur de la Loire qui est de

1000 kilomètres à celle du Rhône qui est de 800 kilomètres, on prendra le rapport de 1000 à 800, soit $\frac{1000}{800} = \frac{10}{8} = \frac{5}{4}$. Ainsi la longueur de la Loire est les $\frac{5}{4}$ de celle du Rhône ou le cours du Rhône est les $\frac{4}{5}$ de celui de la Loire.

On peut les comparer directement en portant, à l'aide du

Fig. 163. — Puy-de-Dôme.

compas, la longueur de l'une sur la longueur de l'autre. Lorsqu'on mesure une ligne au moyen du mètre, on ne fait pas autre chose que porter sur la ligne une ligne égale au mètre[1].

Veut-on connaître la différence de deux lignes; rien de plus simple. Il n'y a qu'à porter la plus petite sur la plus grande, de manière qu'elles aient une extrémité commune; ce qui reste est évidemment la différence des deux lignes. On pourrait tout aussi facilement faire la somme.

Pour trouver le quotient de deux lignes par un procédé

1. Pour mesurer les longueurs on se sert du mètre et de ses multiples ou de ses sous-multiples. Tous les sous-multiples sont employés effectivement, c'est-à-dire qu'ils n'existent pas seulement en nom, mais en réalité, comme le mètre lui-même.

géométrique, voici comment on s'y prend. On porte la plus petite des deux lignes sur la plus grande. Y est-elle contenue exactement? le rapport est tout trouvé : la plus grande vaut deux, trois, quatre fois la plus petite : le quotient est 2, 3, 4. Ou, en prenant le rapport en sens inverse, la petite est la moitié ou le tiers ou le quart de la grande.

Si la plus petite AB des deux lignes n'est pas exactement contenue dans l'autre CD, il reste, après qu'on a porté AB deux fois de C en H, la portion HD de la grande ligne. On porte alors HD sur AB, puis le nouveau reste KB sur HD, qui se trouve le contenir deux fois.

Cette série d'opérations rappelle la recherche du plus grand commun diviseur, et c'est en effet la *plus grande commune mesure* entre les deux lignes qu'on trouve par ce moyen.

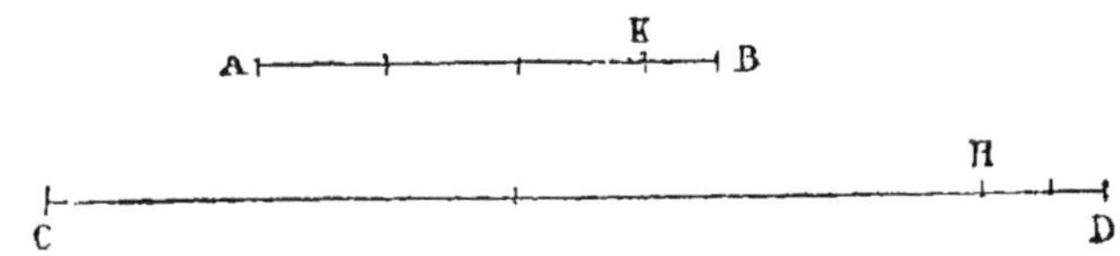

Fig. 164.

On voit par ce qui précède que

$$\begin{aligned}AB &= 3\,HD + KB = 6\,KB + KB = 7\,KB\\ HD &= 2\,KB\\ CD &= 2\,AB + HD = 14\,KB + 2\,KB = 16\,KB\end{aligned}$$

KB est la commune mesure entre les deux lignes. La plus grande la contient seize fois, l'autre sept fois ; le rapport de ces deux lignes est donc celui des nombres 16 et 7, soit $\frac{16}{7}$ ou $\frac{7}{16}$.

Lignes proportionnelles. — Un certain nombre de problèmes empruntent leur solution aux propriétés des lignes proportionnelles. Dans la plupart des cas, on se fonde sur le théorème suivant :

Deux lignes droites quelconques sont coupées par des parallèles en parties proportionnelles. — Si deux lignes droites AD, EH sont coupées par les parallèles AE, BF, CG, en nombre quelconque), les longueurs AB, BC, CD, sont entre elles comme les longueurs EF, FG, GH, ou, si l'on veut, on a la suite de rapports égaux :

$$\frac{EF}{AB} = \frac{FG}{BC} = \frac{GH}{CD}.$$

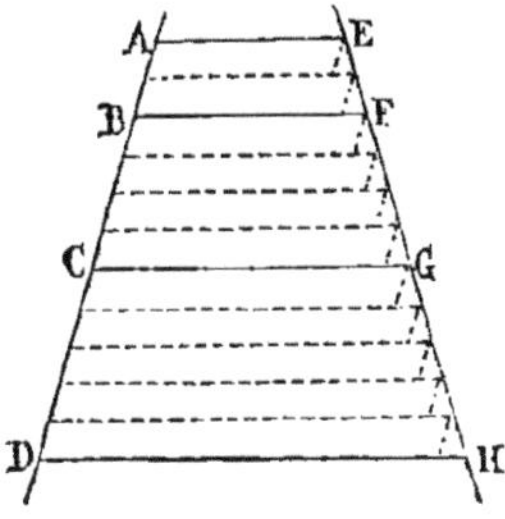

Fig. 165.

Supposons, en effet, que les lignes AB, BC, CD soient entre elles comme les nombres 2, 4, 5, par exemple. Cela veut dire qu'en partageant AB en 2 parties égales, BC contient 4, et CD 5 divisions identiques. Menons des parallèles aux lignes AE, etc., par tous les points de division. Nous partageons ainsi EH en autant de parties que AD. Ces parties sont égales entre elles. Il suffit, pour le voir, de mener par les points déterminés, sur EH, des parallèles à AD ; on forme alors autant de petits triangles égaux qu'il y a de points de division. Ils ont tous un côté égal (celui qui est parallèle à AD) adjacent à deux angles égaux. On conclut de là l'égalité des divisions de EH.

Ainsi EH se trouve divisé en autant de parties égales que AD ; les longueurs EF, FG, GH contiennent respectivement 2, 4 et 5 de ces parties, et dès lors sont bien entre elles comme les nombres 2, 4 et 5, c'est-à-dire comme les longueurs AB, BC, CD.

Remarquons que si AB, BC, CD étaient d'égale longueur, EF, FG, GH seraient aussi des longueurs égales.

Applications. *Diviser une ligne droite en parties proportionnelles à des longueurs données.* — La ligne droite AB étant tracée, il s'agit de la diviser en parties qui soient entre elles comme les longueurs M, N, P. Pour cela, il suffit, en se reportant à ce qui précède, de mener par l'une des extrémités de AB une droite AK dans une direction quelconque, de porter sur celle-ci, à partir de A, les longueurs données M, N, P, bout à bout, de joindre l'extrémité E de la

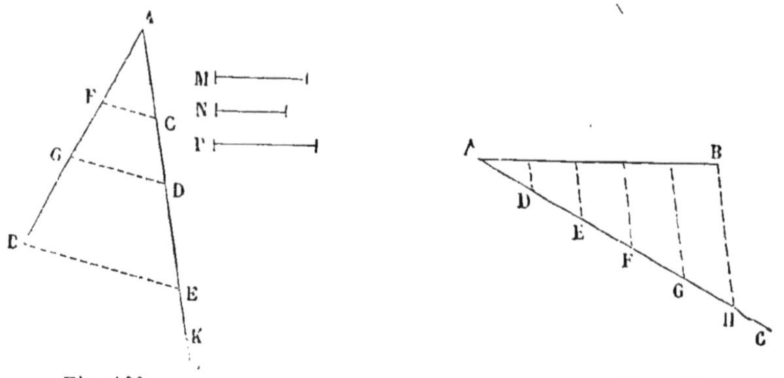

Fig. 166. Fig. 167.

dernière au point B, et, par les points intermédiaires C, D, de mener des parallèles à BE.

Les parties AF, FG, FB sont entre elles comme AC, CD, DE, c est-à-dire comme M, N, P.

Diviser une droite en parties égales. — S'il s'agissait de diviser une droite AB en un nombre donné de parties égales, cinq par exemple, il suffirait de porter bout à bout, à partir de A, sur la droite auxiliaire, cinq longueurs égales, de joindre CB, et de mener des parallèles par les points de division D, E, F, G.

Triangles semblables. — D'après ce que nous avons dit, deux triangles sont semblables lorsqu'ils ont les angles égaux et les côtés proportionnels.

Mais, comme l'égalité, la similitude de deux triangles n'exige que la comparaison de trois de leurs éléments, et non de six. De là des cas de similitude, comme nous avons eu les cas d'égalité.

Ainsi deux triangles sont semblables :

Lorsqu'ils ont les angles égaux ;

Lorsqu'ils ont un angle égal compris entre deux côtés proportionnels ;

Lorsqu'ils ont les côtés proportionnels.

Prenons comme exemple le cas où deux triangles ont les angles égaux.

Considérons les triangles ABC, *abc*, où l'angle $A = a$, $B = b$, $C = c$. Portons le petit triangle sur le grand de manière à emboîter l'angle a dans son égal A. A cause de l'é-

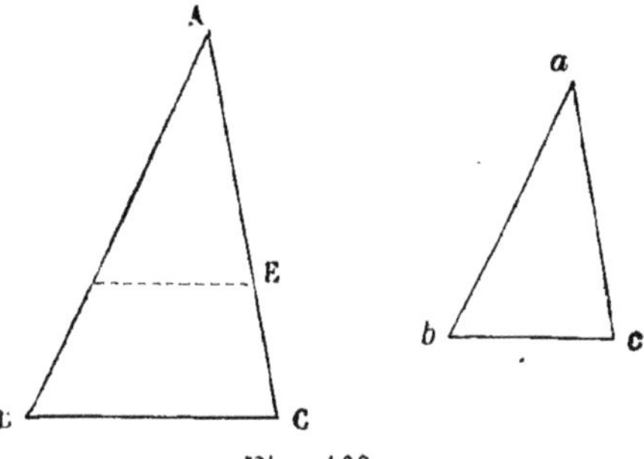

Fig. 168.

galité de b et de B, de c et de C, les lignes DE et BC sont parallèles, et nous savons que dès lors le rapport de AD à AB est le même que celui de AE à AC.

En menant maintenant par le point E une parallèle à AB, on voit que le rapport de AE à AC est le même que celui de DE ou bc à BC. On a donc bien les rapports égaux

$$\frac{ab}{AB} = \frac{ac}{AC} = \frac{bc}{BC},$$

et les triangles sont semblables.

Polygones semblables. — Deux polygones peuvent avoir les angles égaux sans être semblables. Il faut qu'ils aient en outre les côtés homologues proportionnels.

Il est possible, toutefois, de s'assurer de la similitude de

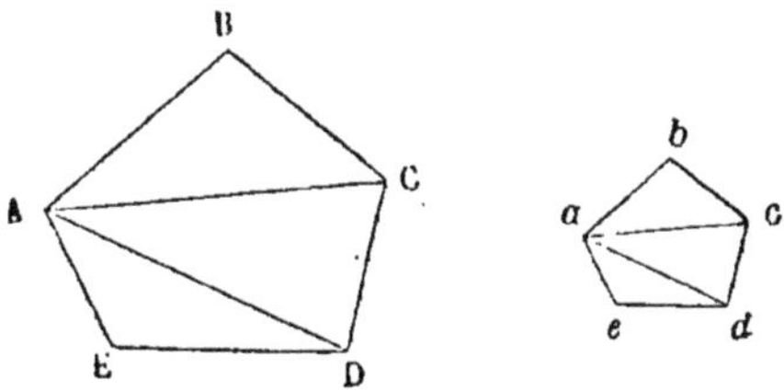

Fig. 169.

deux polygones, en ne comparant que des angles. Il suffit de les décomposer en triangles, par exemple, à l'aide de diagonales partant d'un même sommet. Deux polygones semblables comprendront un même nombre de triangles semblables deux à deux et disposés dans le même ordre. Nous savons d'ailleurs que deux triangles sont semblables s'ils ont les angles égaux.

Remarque. — Deux polygones réguliers d'un même nombre de côtés sont toujours semblables. En effet, leurs angles sont égaux, car l'angle d'un polygone régulier est fixé

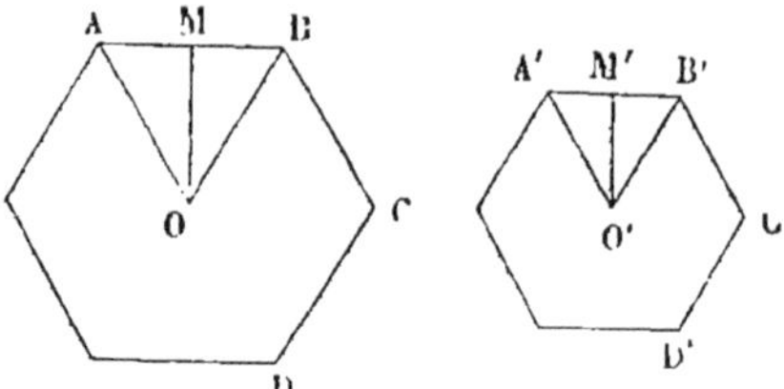

Fig. 170.

par le nombre de ses côtés. De plus, le même rapport existe entre un côté quelconque de l'un et un quelconque de l'autre, puisque dans chacun les côtés sont égaux. — Ainsi tous les hexagones réguliers sont semblables, tous les décagones réguliers sont semblables, etc.

Rapport des périmètres de deux polygones semblables. — Les deux polygones ABCDE, *abcde* (fig. 169), étant semblables, chaque côté du premier contient son homologue le même nombre de fois. Si AB vaut deux fois *ab*, BC vaut aussi deux fois *bc*, CD, deux fois *cd*, etc., et par conséquent la somme AB + BC + CD + DE + EA des côtés du premier, c'est-à-dire son contour ou son périmètre vaut aussi deux fois $ab + bc + cd + de + ea$, c'est-à-dire le contour du second.

Cas des polygones réguliers. — Si les polygones sont réguliers, il n'y a pas seulement proportion entre les périmètres et les côtés, mais encore entre les périmètres et les rayons des cercles, soit inscrits, soit circonscrits. C'est ce que montrent les triangles semblables, ABO, A'B'O' et les triangles semblables AMO, A'M'O'; on voit que le rapport de AB à A'B', est égal à celui de AO à A'O' et que le rapport de AO à A'O' est le même que celui de MO à M'O'.

Rapport de la circonférence au rayon ou au diamètre. — Les circonférences peuvent être regardées comme des polygones réguliers d'un nombre de côtés illimité; elles sont donc toutes semblables, et, en conséquence, d'après ce qui précède, proportionnelles à leurs rayons.

Ainsi des circonférences de grandeurs différentes contiennent chacune son rayon ou son diamètre le même nombre de fois. Si l'on veut connaître approximativement ce nombre par un procédé très-élémentaire, il n'y a qu'à enrouler un fil autour d'une plaque circulaire, puis tendre ce fil en ligne droite et porter la longueur du rayon sur le fil ainsi tendu autant de fois qu'on le peut.

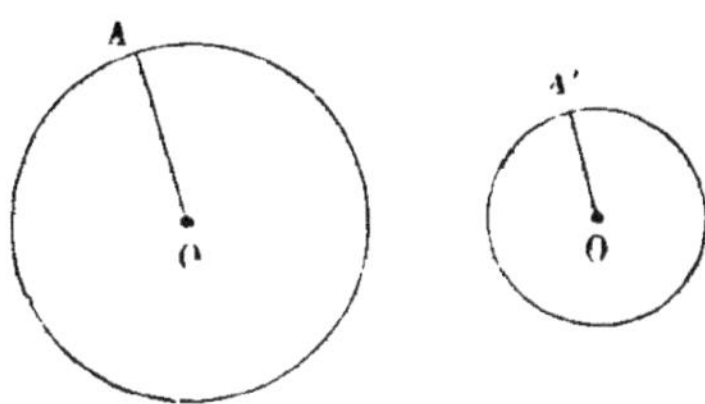

Fig. 171.

Nous avons déjà vu que ce nombre est égal à 6,28, c'est-à-dire que toute circonférence contient son rayon 6,28 fois ou son diamètre 3,14 fois. On désigne le nombre 3,14 par la lettre grecque π, qui se prononce *pi*.

Rapport des surfaces de deux figures semblables. — Prenons, par exemple, un rectangle, et construisons un autre rectangle tel que chacun de ses côtés soit double. En doublant la base seule, nous aurions doublé la surface; si nous doublons en outre la hauteur, nous doublons une seconde fois la surface, c'est-à-dire qu'en définitive, nous avons quadruplé la surface.

Inversement, le premier rectangle, dont les côtés sont deux fois plus petits, a une surface *quatre* fois moindre que celle du second.

Ce raisonnement très-simple peut être répété à l'égard de toute surface. Si l'on triple la base d'un triangle, on obtient une surface trois fois plus considérable; si l'on triple alors la hauteur, la seconde surface devient trois fois plus grande, ou neuf fois plus grande que la première. On voit par là que si l'on amplifie les dimensions d'une figure dans un certain rapport, sa surface est amplifiée dans un rapport qui est le carré du précédent. En d'autres termes, *les surfaces de deux figures semblables sont entre elles comme les carrés des côtés homologues.*

Ainsi, lorsqu'on dit qu'un microscope grossit 100 fois, etc., il faut savoir si c'est en *longueur* ou en *surface.* S'il montre les objets, par exemple, 100 fois plus longs et par conséquent 100 fois plus larges, il les montre en réalité 100 × 100 ou 10,000 fois plus étendus ; s'il grossit 100 fois en surface, il décuple seulement chaque dimension.

Échelle de réduction. — Chacun a vu ce qu'on nomme le plan d'une ville, le plan de Paris par exemple. On y peut voir le périmètre de la ville, les rues figurées par des lignes parallèles, les sinuosité de la rivière s'il s'en trouve une : c'est l'image en petit de ce qu'on pourrait voir du haut d'un ballon très-élevé au-dessus de la ville.

C'est ainsi qu'il faut entendre le plan d'une maison ou d'un terrain.

Lever le plan d'un terrain, c'est donc faire une figure semblable à celle du terrain.

Pour dessiner cette figure sur une feuille de papier, on choisit une longueur quelconque, un ou plusieurs centimètres ou millimètres que l'on convient de regarder comme un mètre, et dont on se sert comme on ferait du mètre sur le terrain dont on veut reproduire l'image. On partage cette ligne en dix, cent parties égales pour obtenir les subdivisions ; on la répète dix, cent fois pour avoir les multiples.

C'est cet ensemble de longueurs rappelant l'unité de mesure, ses multiples et ses sous-multiples, qu'on nomme *échelle de réduction*, parce qu'en effet elle sert à réduire les dimensions d'une figure ou d'un dessin.

Supposons, par exemple, qu'il s'agisse de représenter la façade d'un édifice, en ne donnant aux longueurs mesurées que les $\frac{3}{1000}$ de leur valeur ; marquons sur une ligne droite des points de 3 en 3 millimètres ; chaque division représentera 1 mètre. Nous aurons ainsi l'échelle de 0,003.

Les échelles le plus souvent employées sont celles

de 0,001, 0,005, 0,01, et, pour les objets de faible grandeur, 0,05. On les obtient aisément en prenant, pour la première,

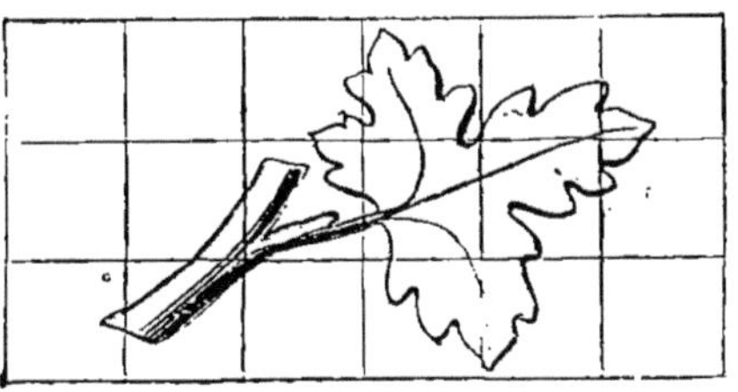
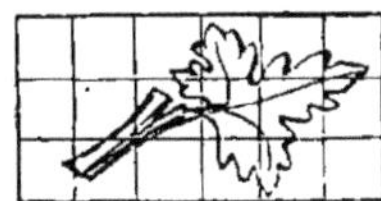

Fig. 172.

le millimètre pour le mètre; pour la deuxième, la troisième et la quatrième, le 1/2 centimètre, le centimètre, et 5 centimètres pour mètre.

Dans le dessin à main levée, pour diminuer ou amplifier

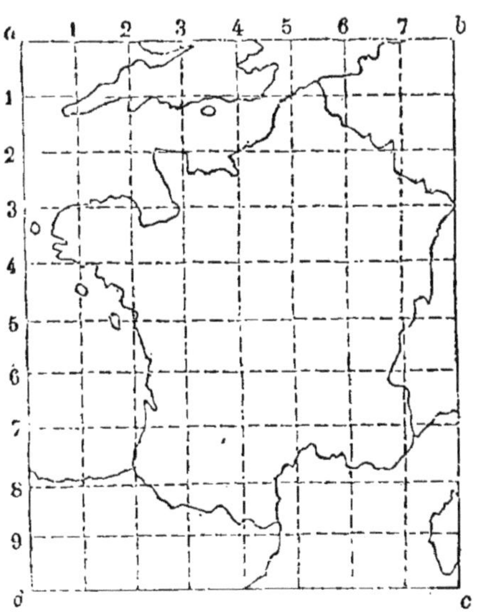

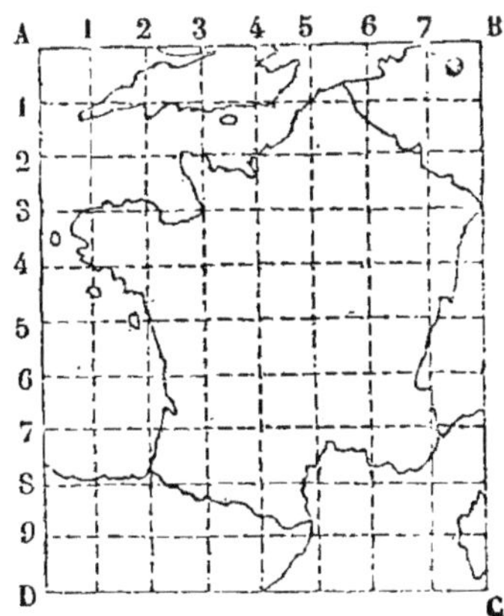

Fig. 173.

un modèle dans un certain rapport, on emploie souvent le procédé suivant : on trace, sur la figure à reproduire, une série de parallèles également distantes, puis une autre série de parallèles perpendiculaires aux premières ; ensuite, sur le papier, on dessine un échiquier semblable où le côté des carrés juxtaposés est au côté des carrés tracés sur le modèle dans le rapport demandé. Il ne reste plus alors qu'à imiter le modèle en le suivant carré par carré.

Propriétés du triangle rectangle. — Du sommet de l'angle droit, abaissons la perpendiculaire AD sur l'hypoténuse. Chacun des deux triangles partiels ainsi formés est semblable au grand ; un des angles aigus est en effet commun, l'angle B pour le triangle de gauche, C pour celui de droite. Ils ont donc les côtés proportionnels.

Comparons d'abord les deux petits et écrivons que BD et AD, du triangle ABD, sont proportionnels à AD et DC, leurs homologues dans l'autre :

$$\frac{BD}{AD}=\frac{AD}{DC}$$

On en déduit :

$$AD^2 = BD \times DC;$$

résultat qui s'énonce ainsi : *le carré de la hauteur menée sur l'hypoténuse est égal au produit des deux segments qu'elle y détermine.*

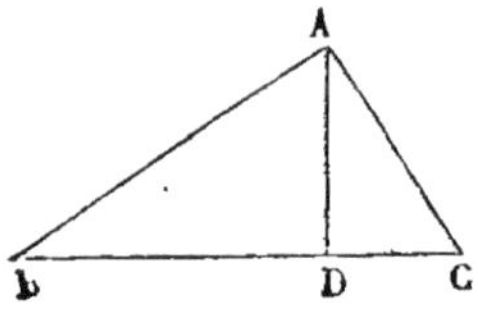

Fig. 174.

Comparons maintenant le triangle ABD (au triangle total) : nous aurons, entre les côtés AB, BD et leurs homologues BC, AB, la proportion

$$\frac{BD}{AB}=\frac{AB}{BC}$$

et l'égalité

$$AB^2 = BD \times BC.$$

De même, en comparant ACD au triangle total, on obtiendrait :

$$\frac{DC}{AC}=\frac{AC}{BC}$$

et

$$AC^2 = DC \times BC;$$

les deux propriétés sont comprises dans l'énoncé suivant :

Le carré d'un côté de l'angle droit est égal au produit de l'hypoténuse par le segment adjacent.

De cette propriété se déduit la suivante, dont l'application se présente très-souvent dans la pratique :

Le carré construit sur l'hypoténuse équivaut à la somme des carrés construits sur les deux autres côtés.

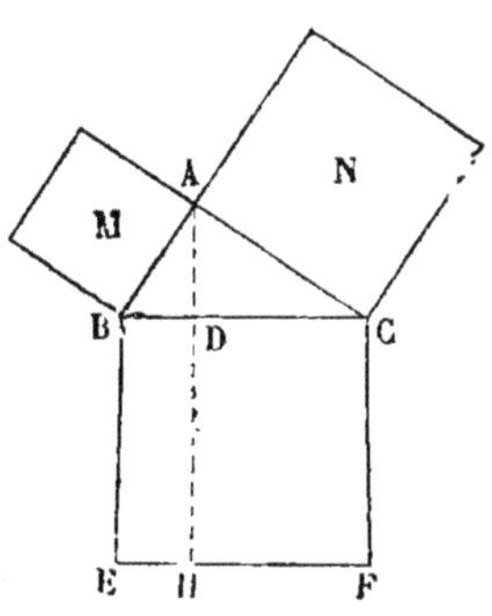

Fig. 175.

Construisons en effet un carré sur chacun des trois côtés du triangle rectangle ABC, et prolongeons la hauteur AD de façon à partager le carré construit sur l'hypoténuse en deux rectangles. L'un de ces rectangles a pour mesure BD × BE, c'est-à-dire BD × BC ; nous savons que ce produit équivaut à AB^2.

L'autre rectangle a pour mesure DC × CF, c'est-à-dire DC × BC, produit qui équivaut à AC^2. Le grand carré étant la somme des deux rectangles, on voit que

$$BC^2 = AB^2 + AC^2.$$

Ce théorème permet d'obtenir la longueur de l'hypoténuse, lorsqu'on connaît les deux côtés de l'angle droit.

Ainsi les côtés de l'angle droit ayant respectivement 10^m et 12^m, l'hypoténuse serait égale à

$$\sqrt{10 \times 10 + 12 \times 12} = \sqrt{244} = 15{,}62.$$

Il est aussi aisé, connaissant l'hypoténuse et un côté, de calculer l'autre.

Remarque. — Un triangle dont les côtés sont 3^m, 4^m et 5^m est rectangle, car 25, carré de 5, est la somme de 9 et de 16, carrés de 3 et de 4.

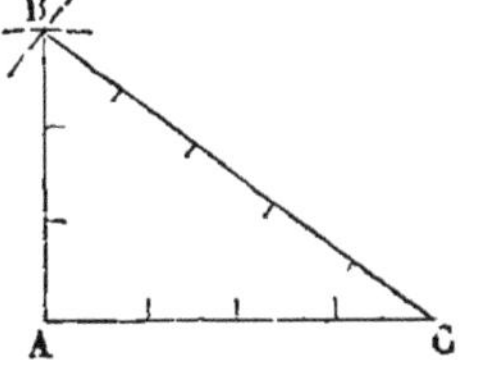

Fig. 176.

Cette remarque est souvent utilisée sur le terrain, pour mener des perpendiculaires de faible longueur, sans le secours de l'équerre d'arpenteur. En liant bout à bout trois cordes ayant respectivement 3^m, 4^m et 5^m, on construit une sorte d'équerre de corde qu'il suffit de tendre par ses trois sommets, à l'aide de piquets, pour avoir un angle droit.

Moyenne proportionnelle à deux lignes données. — Nous terminerons ce chapitre en donnant, d'après ce qui précède, le moyen de tracer la moyenne proportionnelle à deux lignes données. Il ne s'agit d'ailleurs que d'une construction fort simple.

Portez bout à bout, en AB et BC, les deux longueurs données M et N; sur la somme AC décrivez une demi-circonférence : la perpendiculaire BD, menée du point B jusqu'à la rencontre de la demi-circonférence, sera la moyenne proportionnelle demandée.

En effet, en joignant DA et DC, on aura un triangle rectangle ADC, — l'angle D étant inscrit dans un demi-cercle, —

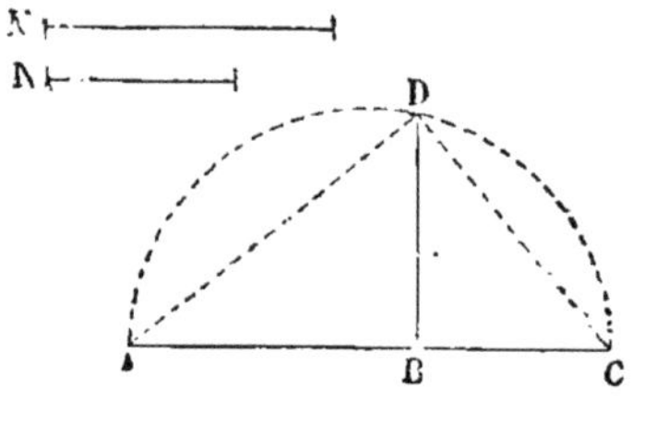

Fig. 177.

et la hauteur DB est bien moyenne proportionnelle entre les deux parties de l'hypoténuse.

RÉSUMÉ

On appelle figures semblables des figures qui ont la même forme sans avoir la même grandeur. Ces figures ont leurs angles égaux chacun à chacun et leurs côtés homologues proportionnels.

On compare deux lignes entre elles, comme on recherche le plus grand commun diviseur de deux nombres; on trouve ainsi leur plus grande commune mesure.

Lorsque des lignes sont coupées par des parallèles, les segments sont proportionnels.

Ce théorème permet de diviser une ligne en plusieurs parties égales ou en parties proportionnelles à des longueurs données.

L'échelle de réduction est une ligne sur laquelle on a porté des longueurs représentant le mètre avec les multiples et les sous-multiples.

Si la longueur qui représente le mètre est un millimètre, on dira que l'échelle est de un millimètre pour mètre ; si la longueur est d'un centimètre, l'échelle est de un centimètre pour mètre.

Cette échelle permet de reproduire une figure en petit ou de la réduire.

Deux triangles sont semblables : 1° lorsqu'ils ont les angles égaux ; 2° lorsqu'ils ont un angle égal compris entre côtés proportionnels ; 3° lorsqu'ils ont les côtés homologues proportionnels.

Lorsque deux polygones sont semblables, on peut les décomposer en triangles semblables et placés de la même manière.

Les contours de deux figures semblables sont dans le même rapport que deux côtés homologues.

Les contours de deux polygones réguliers semblables sont en outre dans le rapport de leurs apothèmes ou de leurs rayons.

Deux circonférences quelconques sont dans le même rapport que leurs rayons. En d'autres termes, toutes les circonférences contenant leur rayon le même nombre de fois contiennent également leur diamètre le même nombre de fois. Ou encore, le rapport de la circonférence au diamètre est un nombre constant qu'on écrit ainsi : π, et qui est égal à peu près à 3, 14.

Les surfaces de deux figures semblables sont dans le même rapport que les carrés de deux côtés homologues.

Le carré construit sur l'hypothénuse d'un triangle rectangle équivaut à la somme des carrés construits sur les deux autres côtés.

DES FIGURES DANS L'ESPACE ET DE LEUR MESURE

LA LIGNE DROITE ET LE PLAN

SOMMAIRE. — Le plan. — Intersection de deux plans. — Notion de la perpendiculaire au plan. — Conséquence. — Perpendiculaire et obliques à un plan. — Droites et plans parallèles. — Angles dièdres, trièdres, etc., et leur mesure. — Résumé.

Le plan. — Toutes les figures dont nous avons jusqu'à présent étudié les propriétés : perpendiculaires, parallèles, polygones divers, etc., peuvent être tracées sur une feuille de papier ou, à la craie, sur le tableau noir. Elles sont, comme disent les géomètres, *dans un même plan*. Nous avons déjà eu occasion, lorsqu'il s'est agi de définir les parallèles, de donner une idée du plan. Nous allons maintenant préciser davantage.

Un plafond, un plancher, le dessus d'une table, un mur, la surface de l'eau d'un bassin sont autant de *plans* ou de *surfaces planes*. C'est, comme on voit, quelque chose de plat et d'uni. Si l'on pose une règle sur ces diverses surfaces, elle y peut être appliquée de tout point et dans toutes les directions; mais la règle n'est, en quelque sorte, que la représentation d'une ligne droite. On voit par là qu'*un plan est une surface sur laquelle des lignes droites peuvent être tracées dans toutes les directions*.

Prenez deux points quelconques sur un tableau ou sur une feuille de papier, joignez-les par une ligne droite, puis prolongez cette ligne dans les deux sens; elle ne sortira ni du tableau ni de la feuille de papier si on les suppose prolongés l'un et l'autre aussi loin qu'on le voudra.

Or il n'en est pas de même si l'on prend deux points au hasard sur une boule et qu'on les joigne par une ligne droite. Cette ligne pénètre dans l'intérieur de la boule, et en sort si on la prolonge dans un sens quelconque ; elle n'a de commun avec la surface que les deux points qu'on y a pris. C'est donc encore une manière de définir le plan que de dire : *le plan est une surface telle qu'une ligne droite y est contenue tout entière dès qu'elle y a deux de ses points.*

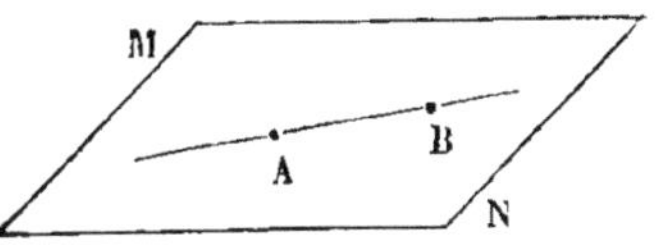

Fig. 178.

Intersection de deux plans. — Une feuille de papier pliée en deux figure deux plans dont le pli est l'intersection. Or ce pli est une ligne droite. Le plafond d'une chambre et chacun des murs se coupent également suivant une ligne droite. Deux plans se coupent toujours suivant une ligne droite.

Notion de la perpendiculaire au plan. — Lorsqu'on tient un fil à plomb librement suspendu au-dessus d'une nappe d'eau dormante, il est facile de voir que le fil ne penche d'aucun côté vers la surface de l'eau. On dit que le fil est perpendiculaire au plan liquide. De même les colonnes d'un édifice sont perpendiculaires au sol de l'édifice ; les arbres d'une allée horizontale sont perpendiculaires au sol sur lequel ils sont plantés.

Si l'on suppose par la pensée que la direction du fil à plomb soit prolongée dans l'intérieur de la terre, elle passera par le centre de la terre. C'est cette direction qu'on nomme *verticale*, et celle de la nappe d'eau dormante, qui lui est perpendiculaire, se nomme *horizontale*. Un mat de cocagne s'élève aussi verticalement au-dessus du sol horizontal. Mais le plan peut avoir une direction quelconque et dès lors les perpendiculaires au plan ne sont plus verticales.

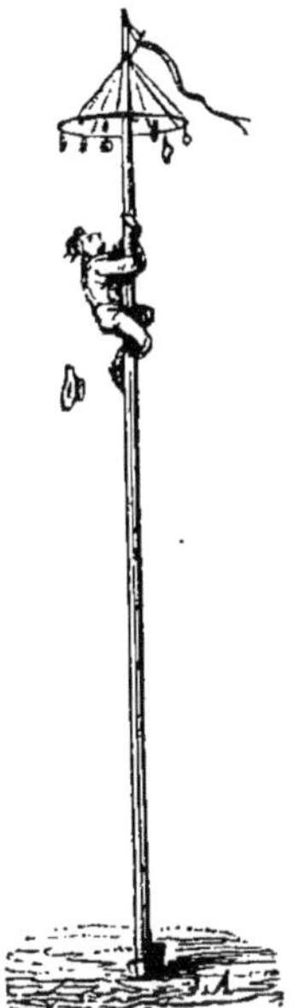
Fig. 179.

Ainsi, quand on plante un clou dans un mur, le clou est perpendiculaire au mur ; dans ce cas, le mur est vertical, et le clou, horizontal.

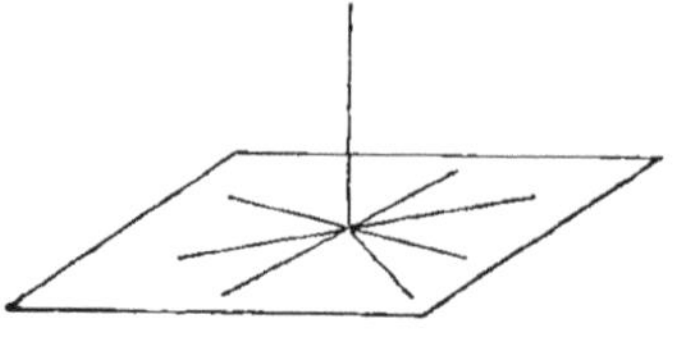

Fig. 180.

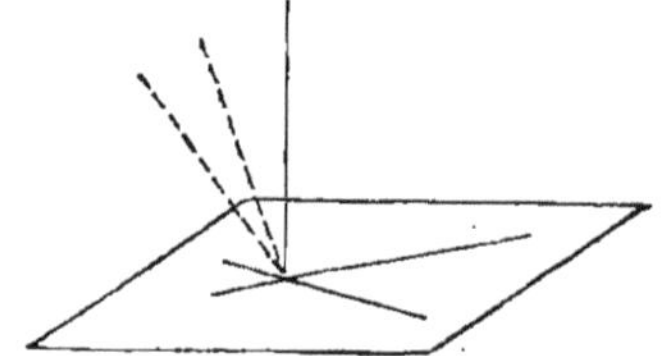

Fig. 181.

Sur une planchette, disposée horizontalement, fixez une longue aiguille dans la direction du fil à plomb. La tige est perpendiculaire à la planchette et ne cesse pas de lui être perpendiculaire, quelle que soit la direction donnée à la planchette. De même, les pieds d'une table sont toujours perpendiculaires au dessus de la table, lors même que la table serait penchée ou renversée de côté.

Le point où l'aiguille perce la planchette se nomme le *pied* de la perpendiculaire. Si l'on mène par ce point, et sur la planchette, des lignes droites dans toutes les directions, l'aiguille ou la perpendiculaire se trouve perpendiculaire à chacune de ces droites. De la sorte, on peut dire qu'*une droite est perpendiculaire à un plan lorsqu'elle est perpendiculaire à toutes les droites qui passent par son pied dans le plan.*

On peut voir qu'*une pareille droite est déterminée dès qu'elle est perpendiculaire à deux droites passant par son pied dans le plan.* En effet, menons dans le plan, et par le point qui doit être le pied, deux droites (fig. 181) ; puis, à l'une de ces droites, une perpendiculaire dans une direction quelconque. Faisons tourner cette perpendiculaire autour de cette droite sans qu'elle cesse de lui être perpendiculaire, jusqu'au moment où elle sera perpendiculaire à l'autre. Il n'y a qu'une position possible.

Conséquence. — Nous pouvons maintenant résoudre la question inverse, c'est-à-dire mener un plan perpendiculaire à une droite. Il suffit de mener deux perpendiculaires à cette droite et de faire passer un plan par ces deux lignes.

Veut-on, par exemple, couper carrément une poutre ? On mène sur chaque face une perpendiculaire à l'arête AB, ce qui donne CD sur l'une des faces, CE sur l'autre. Reste maintenant à scier la poutre suivant ces deux lignes.

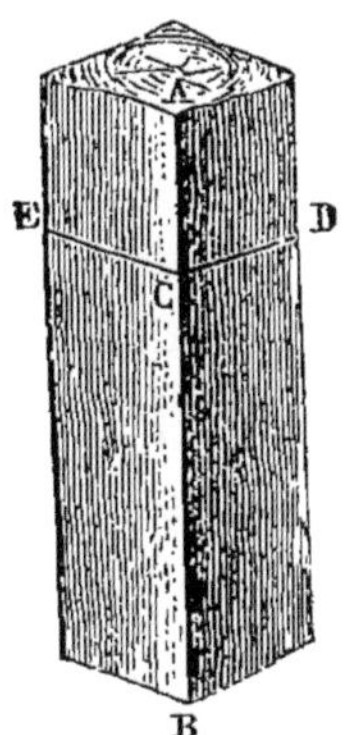

Fig. 182.

Perpendiculaires et obliques à un plan. — Un certain nombre de théorèmes de la géométrie plane ont leurs analogues dans la géométrie dans l'espace, ceux, par exemple, relatifs à la perpendiculaire et aux obliques.

Ainsi *la perpendiculaire* AB *est plus courte que toute oblique* AC, AD, AE. En conséquence, si l'on veut mesurer la distance d'un point à un plan, on mène de ce point une perpendiculaire au plan. Ainsi AB est la distance du point A au plan.

Les obliques AC, AD, AE *qui s'écartent également du pied de la perpendiculaire sont égales.* En effet, les triangles ABC, ABD, ABE peuvent se recouvrir exactement si on les fait tourner autour de AB comme une porte sur ses gonds. On peut encore dire qu'ils ont un angle égal, — l'angle droit, — compris entre deux côtés égaux.

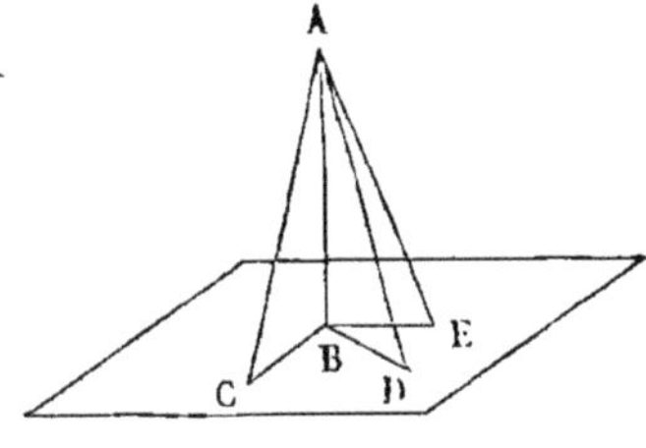

Fig. 183.

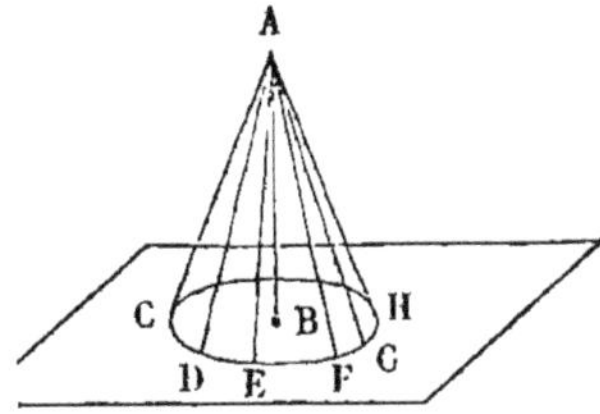

Fig. 184.

Si donc, du pied B de la perpendiculaire comme centre, on décrit une circonférence (fig. 184), les obliques AC, AD, AE, etc., qui partant du point A aboutissent à cette circonférence, sont égales.

Si deux obliques s'écartent inégalement du pied B *de la perpendiculaire*, comme AC et AD (fig. 185), *elles sont inégales et la plus longue est* AD, *celle qui s'écarte le plus*. C'est ce qu'on voit aisément en prenant la longueur BE = BC, et joignant AE, car AE est plus petit que AD. Or, AE est égale à AC.

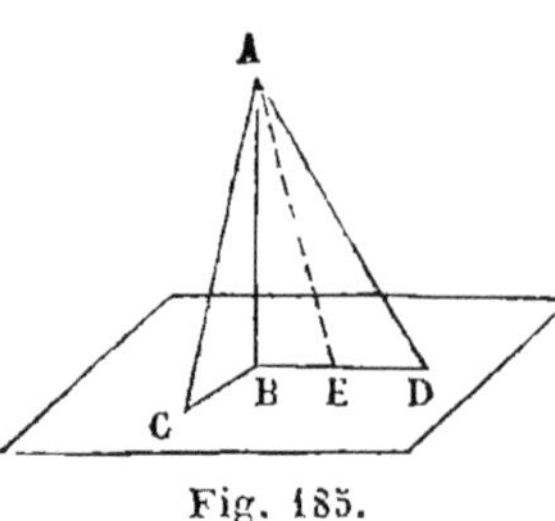

Fig. 185.

Droites et plans parallèles. — Une droite et un plan sont parallèles lorsqu'ils ne se rencontrent pas, à quelque distance qu'on les prolonge l'un et l'autre. Ainsi chacune des lignes qui forment le contour d'une table rectangulaire est parallèle au plancher.

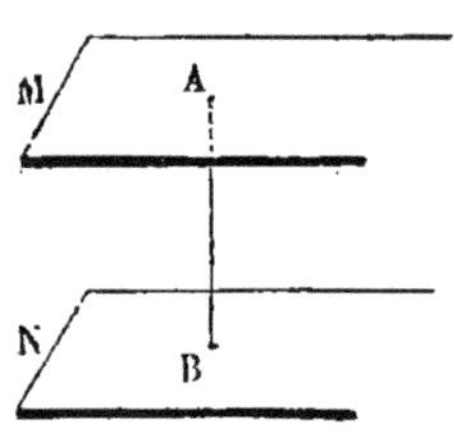

Fig. 186.

Deux plans sont parallèles lorsqu'ils satisfont à cette même condition; tels sont, par exemple, le plafond et le plancher d'une chambre.

Le plafond est horizontal comme le plancher; tous deux sont perpendiculaires au fil à plomb. Le fil à plomb représente une ligne à laquelle les deux plans sont perpendiculaires; on peut donc dire que *deux plans perpendiculaires à la même ligne droite sont parallèles* (fig. 186.)

Chacun des murs d'une chambre rencontre ou coupe le plafond et le plancher suivant des lignes qui sont parallèles,

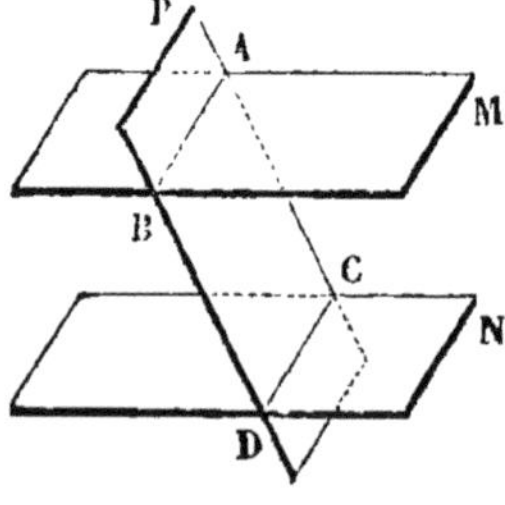

Fig. 187.

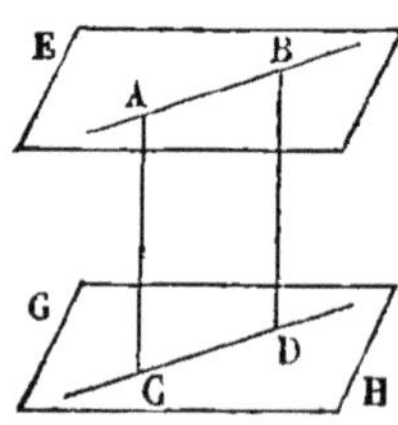

Fig. 188.

car, d'abord, elles sont dans le même plan, et elles ne pourraient se rencontrer qu'autant que le plafond et le plancher se rencontreraient. C'est ce qu'on énonce en disant que *si deux plans parallèles sont rencontrés par un troisième plan, les intersections sont parallèles* (fig. 187).

Les plafonds des boutiques et des magasins sont fréquemment soutenus par des colonnettes de fonte de même longueur. Imaginez ces colonnettes réduites à n'être que de simples lignes, on pourra dire que *les perpendiculaires communes à deux plans parallèles et comprises entre ces plans sont égales* (fig. 188).

Cela se démontre, si l'on veut, en joignant dans chaque plan les points où les lignes percent les plans. Les deux lignes qu'on obtient AB et CD sont parallèles, ainsi qu'il vient d'être dit, et la figure ABCD est un rectangle. Or les côtés opposés d'un rectangle sont égaux.

Ces perpendiculaires communes aux plans mesurent leur distance ; on peut donc dire que deux plans parallèles sont partout également distants.

Au lieu de perpendiculaires, on peut admettre des obliques parallèles comprises entre les plans parallèles.

Il est facile de remarquer entre les théorèmes qui précèdent et ceux relatifs soit aux perpendiculaires, soit aux lignes parallèles dans la géométrie plane, une certaine analogie, dans les énoncés aussi bien que dans les démonstrations. On fera donc bien de les rapprocher, de les grouper, de faire des tableaux comparatifs très-propres à les graver dans l'esprit les uns et les autres.

Angles dièdres, trièdres, polyèdres et leur mesure. — Jusqu'ici, il n'a été question que d'angles formés par des lignes. Les plans, en s'entrecoupant, donnent également lieu à des angles nommés *dièdres*, *trièdres*, *polyèdres*, selon que le nombre des plans est de deux, de trois ou de plusieurs. Au lieu de lignes ou côtés, comme dans les premiers angles, ce sont des plans ou faces [1].

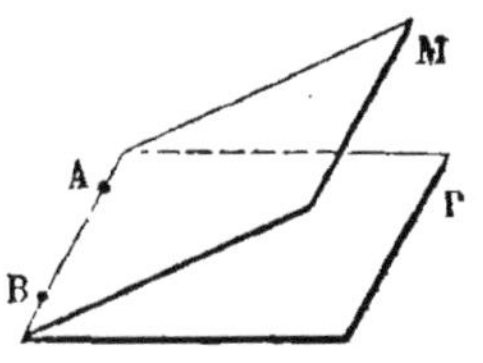

Fig. 189

On obtient aisément un angle dièdre en prenant une feuille de papier pliée en deux. Si l'on entr'ouvre la feuille, on obtient un angle

1. *Èdre* vient d'un mot grec qui signifie *face*.

dièdre plus ou moins grand, selon qu'on a plus ou moins écarté les deux demi-feuilles. Chaque demi-feuille est une face ; le pli n'est autre que ce qu'on nomme l'*arête* et peut être regardé comme une sorte de sommet.

On a un exemple d'angle trièdre dans chacun des coins d'une chambre. Le coin résulte en effet de la combinaison de trois plans : le plafond et les deux murs qui se coupent deux à deux, ou le plancher et les mêmes murs. Un pareil angle possède trois faces, trois arêtes, trois angles dièdres et un sommet qui est le point commun aux arêtes et aux faces.

Le sommet d'une toiture à faces multiples offre un exemple d'angle polyèdre.

Mesure des angles dièdres; angle dièdre droit. — Les bords de la feuille de papier contigus à l'arête lui sont perpendiculaires et forment un angle qui est la mesure de l'angle dièdre. Si le papier n'est pas coupé carrément, il est facile de mener, par un point du pli ou de l'arête, deux perpendiculaires à cette arête, une dans chaque plan. L'angle de ces lignes est la mesure du dièdre.

Si ces deux lignes sont perpendiculaires l'une à l'autre, l'angle dièdre est droit, et les deux plans sont perpendiculaires l'un à l'autre.

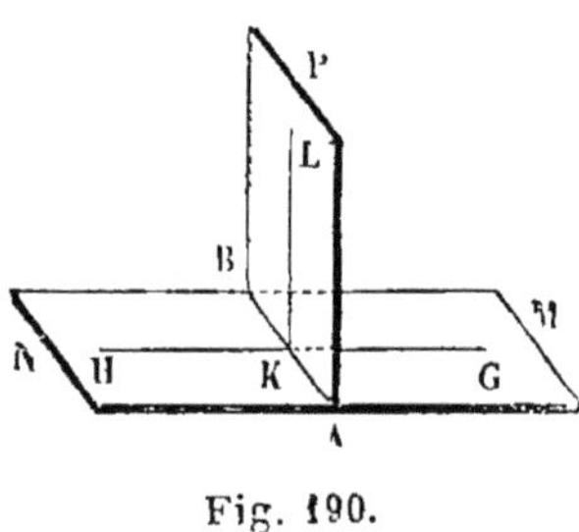

Fig. 190.

Un plan étant donné et une droite perpendiculaire à ce plan, tout plan passant par cette droite sera perpendiculaire au plan donné. Ainsi, une porte tournant sur ses gonds ne cesse pas d'être perpendiculaire au plancher, dans toutes les positions qu'elle occupe. L'angle dièdre est toujours droit.

On peut encore dire que tout plan passant par une ligne verticale est lui-même vertical, c'est-à-dire perpendiculaire à la surface des eaux dormantes ou au plan horizontal.

Angle d'une droite et d'un plan. — Une ligne droite oblique à un plan fait avec ce plan, ou plutôt avec les diverses lignes tracées dans le plan et passant par son pied, des angles variés. Parmi tous ces angles, il est un plus petit et un plus grand que tous les autres.

Pour obtenir ces deux angles, il faut faire passer par la droite A un plan perpendiculaire au plan donné et qui le coupe suivant PF et son prolongement. L'angle marqué de hachures est le plus petit de tous, l'angle APF supplémentaire est le plus grand ; le premier étant aigu, le plus grand est obtus. Tous les autres sont intermédiaires entre ces deux-là, et par conséquent il en est un (APD) qui est droit.

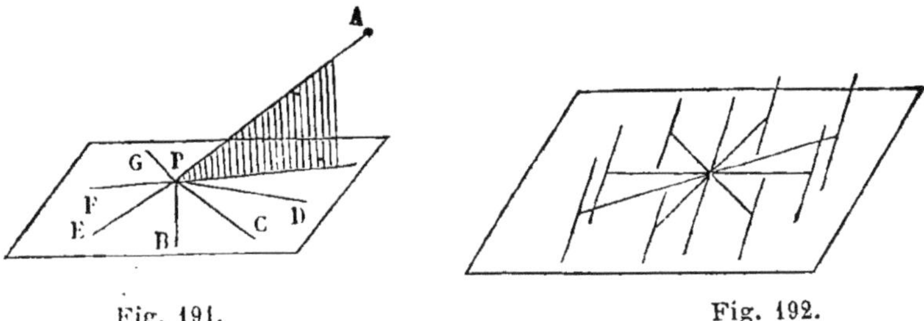

Fig. 191. Fig. 192.

L'angle marqué mesure l'inclinaison de la droite sur le plan ou l'angle de la droite et du plan.

Disons en passant que la ligne PF prolongée, intersection des deux plans perpendiculaires l'un à l'autre, se nomme la *projection* de la droite AP sur le plan.

Pendant que la terre tourne autour du soleil, son axe conserve toujours la même direction. La ligne qui joint le centre du soleil au centre de la terre fait avec l'axe terrestre des angles divers, dont le plus petit et le plus grand répondent aux deux solstices. L'angle droit répond aux équinoxes.

RÉSUMÉ.

Le plan est une surface telle qu'une ligne droite y est contenue tout entière dès qu'elle y a deux de ses points.

L'intersection de deux plans est une ligne droite.

Une droite est perpendiculaire à un plan lorsqu'elle est perpendiculaire à toutes les droites qui passent par son pied dans le plan. Elle est déterminée dès qu'elle est perpendiculaire à deux droites passant par son pied dans le plan.

La perpendiculaire est plus courte que toute oblique. Les obliques qui s'écartent également du pied de la perpendiculaire sont égales. Si deux obliques s'écartent inégalement du pied de la per-

BIBLIOTHÈQUE NATIONALE R.F. DE NIMES

pendiculaire, elles sont inégales, et la plus longue est celle qui s'écarte le plus.

Une droite et un plan sont parallèles lorsqu'ils ne se rencontrent pas, à quelque distance qu'on les prolonge. Deux plans sont parallèles lorsqu'ils satisfont à cette même condition.

Deux plans perpendiculaires à la même droite sont parallèles.

Les intersections de deux plans parallèles, coupés par un troisième, sont parallèles.

Deux plans parallèles sont partout également distants.

On nomme angles polyèdres les angles formés par des plans.

Un angle dièdre a pour mesure l'angle formé par deux droites perpendiculaires à l'arête en un même point et menées dans chacun des deux plans.

On nomme angle d'une droite et d'un plan l'angle formé par cette droite avec sa projection sur ce plan. C'est le plus petit de tous les angles que forme la droite avec celles qui passent par son pied dans le plan.

DES VOLUMES

SOMMAIRE. — Définitions. — Polyèdres et corps ronds. — Prisme. — Parallélipipède. — Prisme droit. — Prisme oblique. — Prisme régulier. — Cube. — Cylindre. — Sections cylindriques. — Pyramide. — Cône. — Sections coniques. — Prisme et Pyramide tronqués. — Résumé.

Définitions. — Nous avons dit en commençant que chaque objet ou chaque corps occupe ou tient une certaine place qu'on nomme son volume. C'est ainsi qu'on dit le volume d'un arbre, le volume d'une pierre ou d'un tas de sable. La géométrie ne s'occupe pas des propriétés de la pierre ou des qualités du bois ; c'est comme si la substance du corps n'existait pas ; elle s'occupe seulement des surfaces qui le limitent et le séparent du reste de l'espace. S'il s'agit d'une chambre, d'une boîte, d'un tiroir, on emploie également l'expression de volume pour désigner la capacité de la chambre, de la boîte ou du tiroir. Dans ce cas, c'est le volume de l'air enfermé par les murs de la chambre ou par les parois du coffre et du tiroir. On dit encore : le volume, lorsqu'on parle de la quantité d'eau contenue dans un réservoir.

On se rend ainsi compte de la dénomination de *solides* donnée plus particulièrement au volume des corps massifs et de celle de *capacité* dont on se sert ordinairement en parlant de corps creux. Toutes ces dénominations importent peu ; ce qui importe, c'est de bien voir ce qu'il faut entendre par un volume.

Les volumes ont les formes les plus diverses, tout comme les surfaces ; mais, de même que la mesure d'une surface quelconque se ramène à celles d'un certain nombre de surfaces élémentaires, telles que le triangle, le trapèze, etc. ; de même les divers volumes peuvent être décomposés en volumes plus simples et pour ainsi dire primitifs dont nous allons nous occuper:

Polyèdres et corps ronds. — Parmi les volumes, nous distinguerons ceux qui sont limités par des faces planes et qu'on nomme des *polyèdres*, mot qui signifie, comme on sait, *plusieurs faces ;* tels sont par exemple les morceaux de sucre coupés carrément, les livres brochés régulièrement, l'intérieur d'un pupitre, les cristaux naturels, etc., et ceux qui

Fig. 193.

Fig. 194.

sont limités par des surfaces courbes, comme les tuyaux de poêle, les boules, les billes, les porte-plumes de forme régulière, les verres à boire, les pains de sucre, qu'on désigne sous le nom de corps ronds. Nous allons d'abord nous occuper des polyèdres.

Prisme. — Un grand nombre de cristaux naturels ou artificiels ont la forme prismatique : les colonnes de basalte sont des prismes, les cristaux de quartz le sont en partie ; de même les livres, les boîtes et les tiroirs qui n'ont pas de face arrondie, les barres de fer, les fossés, sont autant de prismes.

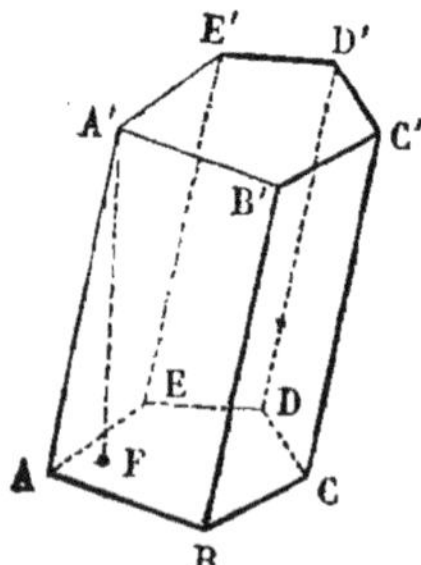

Fig. 195.

On voit donc dans un prisme un certain nombre de faces ayant la forme de parallélogrammes, qui s'adaptent par leurs deux extrémités à deux faces égales, parallèles entre elles, placées en travers des premières. Ces dernières se nomment *bases* du prisme ; ce sont des polygones quelconques qui permettent de qualifier le prisme. Ainsi le prisme est dit *triangulaire*, *quadrangulaire*, *pentagonal*, selon que les bases sont des triangles, des quadrilatères, des pentagones.

La distance des bases est la *hauteur* du prisme (A'F, fig. 195).

Le prisme de cristal employé dans les expériences de physique est triangulaire. Le fer en barres nous offre un exemple de prisme quadrangulaire.

Parallélipipèdes. — Lorsque les bases sont des parallélogrammes, toutes les faces sans exception sont des parallélogrammes, et le prisme prend alors le nom de *parallélipipède.* On peut dire que le parallélipipède est parmi les volumes ce que le parallélogramme est parmi les surfaces. Il suffit en effet de découper dans une plaque ou dans une planchette un fragment en forme de parallélogramme pour obtenir un parallélipipède.

Dans tout parallélipipède, les faces opposées sont égales, les trièdres opposés le sont également, les quatre diagonales se coupent en deux parties égales.

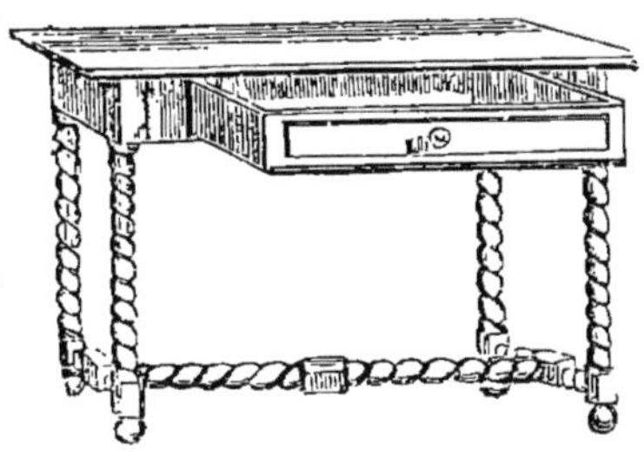

Fig. 196. — Parallélipipède rectangle : tiroir.

Prisme droit. — Le prisme est droit lorsque les bases sont perpendiculaires aux faces ou aux arêtes. Les faces sont alors des rectangles et les arêtes sont toutes égales entre elles et égales à la hauteur du prisme.

Si la base est un rectangle, le parallélipipède qu'on obtient a toutes ses faces rectangulaires ; aussi le nomme-t-on *parallélipipède rectangle.* — C'est la forme des briques, d'un paquet d'enveloppes, d'un paquet de cartes, d'un tiroir ordinaire, d'un livre, etc.

Prisme oblique. — Lorsque les bases sont obliques aux faces et par suite aux arêtes, le prisme est dit *oblique.* Le parallélipipède est oblique dans le même cas.

Prisme régulier. — Les prismes droits qui ont pour bases des polygones réguliers se nomment *prismes réguliers*. La ligne qui joint les centres des bases est l'*axe* du prisme. Les plaques de marbre à l'aide desquelles on fait les carrelages dont nous avons parlé plus haut, en les considérant comme des polygones réguliers, sont en réalité des prismes réguliers. La hauteur du prisme n'est autre que l'épaisseur de la plaque.

Cube. — Parmi les prismes réguliers, il en est un qui doit être l'objet d'un examen particulier : c'est le *cube*, dont il est question dans le système métrique. Il est dans la série des parallélipipèdes ce qu'est le carré dans la série des quadrilatères.

Toutes ses faces sont des carrés, les deux bases aussi bien que les quatre faces latérales. A chacun des sommets est un angle trièdre droit formé de trois angles droits. Les quatre diagonales non-seulement se coupent en deux parties égales, mais elles sont égales.

Cylindre. — Considérons un prisme régulier, et imaginons que le nombre des côtés du polygone régulier qui sert de base devienne de plus en plus grand : les faces du prisme se multiplient en même temps et, tout en conservant la même longueur, leur largeur diminue de plus en plus. Si l'on suppose le nombre des côtés du polygone excessivement grand, on pourra le regarder comme un cercle. A ce moment les faces et les arêtes ont disparu, la surface latérale est unie et arrondie, le prisme est devenu un *cylindre*.

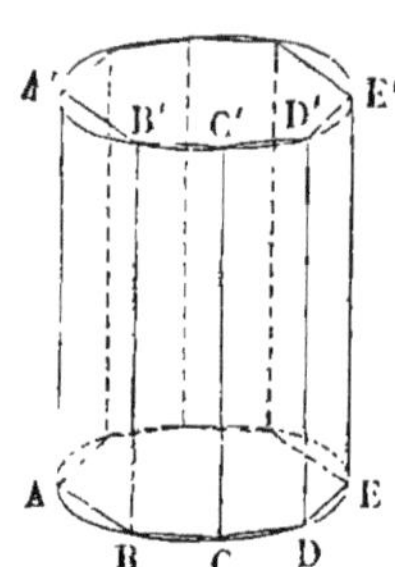

Fig. 197.

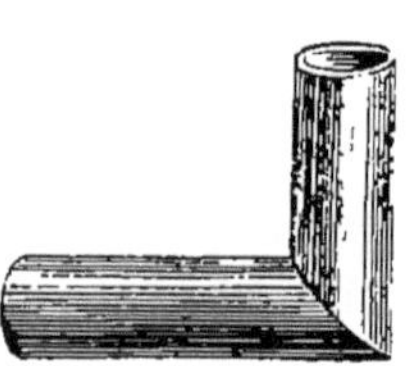

Fig. 198.

Le cylindre peut-être oblique ou droit comme le prisme. Sa base peut être une courbe quelconque, mais celui dont un grand nombre d'objets usuels ou d'ustensiles rappellent la forme est le cylindre circulaire droit. Les mesures de capacité (le litre, ses multiples et ses sous-multiples) les tuyaux de poêle, la plupart des seaux, les gobelets à boire, les fûts des colonnes de fonte, etc., sont autant de cylindres circulaires droits.

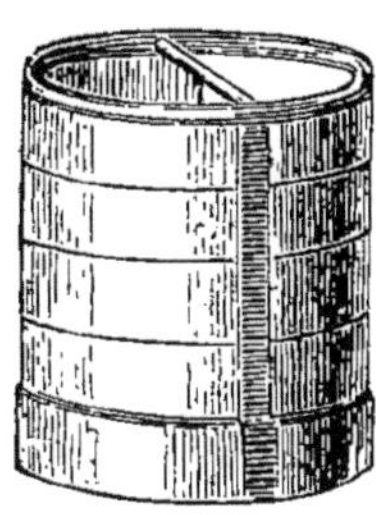

Fig. 199.

Lorsqu'on veut construire un tuyau de poêle, on prend une feuille de tôle et on l'enroule de manière à amener les bords opposés au contact; on peut également faire le contraire, c'est-à-dire ouvrir le tuyau dans le sens de la longueur, le dérouler et l'aplanir. En un mot, une surface cylindrique peut être étalée sur un plan ou *développée*.

Au lieu d'une feuille de tôle, prenez une feuille de papier, roulez-la de manière à former un rouleau ou tuyau, ou bien, après en avoir enveloppé un tuyau ou un cylindre quelconque, déroulez-la. Tout cela est possible sans que la feuille soit pliée ou déchirée. Le rectangle de papier devient surface cylindrique ou redevient rectangle. La base du rectangle n'est autre que la circonférence de la base du cylindre, la hauteur du rectangle est celle du cylindre.

Sections cylindriques. — Si l'on coupe un cylindre en travers perpendiculairement à l'axe, comme il arrive quand on scie une bûche, la coupure ou la *section* est circulaire. En le sciant obliquement, la section est une sorte de cercle allongé qui est par rapport au cercle ce que le rectangle est au carré. C'est la courbe nommée *ellipse*.

L'ellipse est une courbe fermée telle que la somme des distances de chacun de ses points à deux points fixes nommés *foyers* est constante.

C'est comme si l'on étirait une circonférence en la saisissant par les extrémités d'un même diamètre, et que le centre se dédoublât pour ainsi dire de manière à donner naissance aux deux foyers.

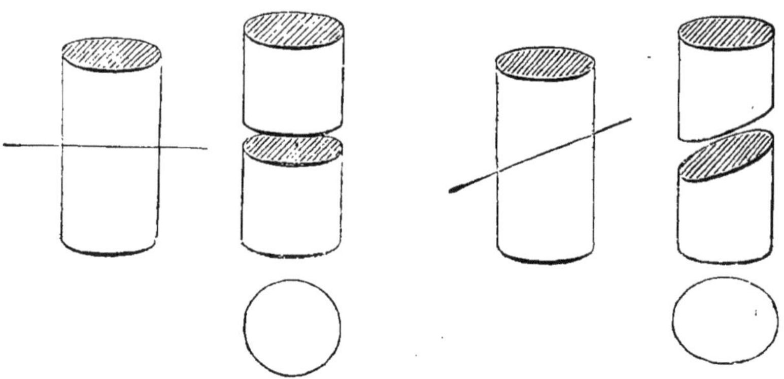

Fig. 200.

Il y a un *grand axe*, le plus grand diamètre, et un *petit axe*, le plus petit diamètre; ces deux axes sont perpendiculaires l'un à l'autre.

Les planètes décrivent des ellipses dans leur marche autour du soleil. Les méridiens terrestres vrais, c'est-à-dire ceux qu'on tracerait sur la terre même, sont des ellipses. Dans ces ellipses, les deux foyers sont très-rapprochés et très-voisins du centre, de sorte qu'elles diffèrent très-peu de la circonférence.

Les jardiniers font souvent des tertres ou des corbeilles elliptiques qu'ils appellent improprement ovales. Pour tracer l'ellipse, ils fixent deux piquets aux deux points choisis pour foyers, ils y attachent les extrémités d'un cordon lâche plus ou moins long, puis, avec un troisième piquet, ils tendent le cordon, et font glisser ce piquet en maintenant le cordon constamment tendu, de manière à toujours former un triangle dont la base fixe est la distance des foyers et dont les deux autres côtés variables sont formés par le fil. C'est le sommet de ce triangle qui décrit l'ellipse.

Pour tracer une ellipse sur le papier à l'aide du même procédé, on fixe deux épingles aux points choisis comme foyers, et, au lieu d'un cordon, on prend un brin de fil. Il ne s'agit plus que de faire glisser la pointe du crayon en maintenant le fil constamment tendu.

Pyramide. — Le mot *pyramide* rappelle tout de suite à l'esprit un corps qui présente une pointe. On connaît, pour en avoir vu des dessins, les pyramides d'Égypte. La pyramide

Fig. 201.

repose sur le sol par une *base* qui est un polygone quelconque auquel elle doit son nom. C'est ainsi qu'on dit d'une pyramide qu'elle est *triangulaire, quadrangulaire ou pentagonale*, selon que la base est un triangle, un quadrilatère ou un pentagone. Si la base est un triangle, toutes les faces sont des triangles ; on la nomme alors *tétraèdre* [1].

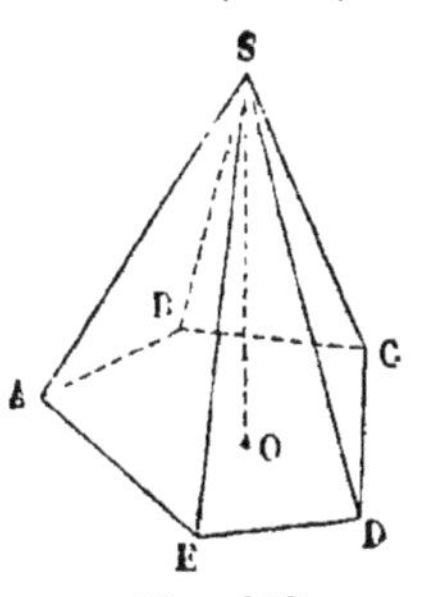

Fig. 202.

La pointe ou *sommet* S est tout naturellement opposée à la base. Les diverses faces sont des triangles dont les sommets réunis forment le sommet de la pyramide.

La distance SO du sommet à la base se nomme la hauteur de la pyramide.

Lorsque la base est un polygone régulier et que la hauteur passe par le centre de la base, la pyramide est dite *régulière*. Les pyramides d'Égypte sont dans ce cas.

Cône. — De même que le prisme devient un cylindre

1. De *tétra*, qui signifie *quatre*, et *èdre*, qui veut dire *face*.

lorsqu'on suppose excessivement grand le nombre des côtés du polygone qui lui sert de base, de même la pyramide se change en *cône* lorsque le nombre des côtés de la base ou celui des faces triangulaires devient pour ainsi dire infini. C'est alors une surface unie, arrondie, lisse, où l'on ne trouve plus ni faces ni arêtes.

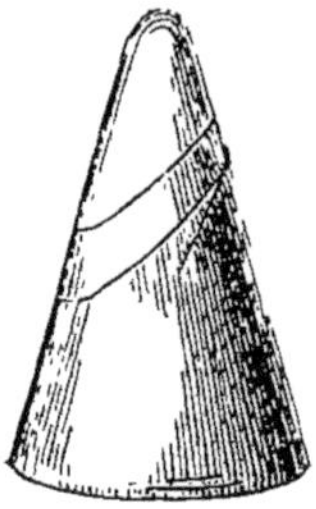

Fig. 203.

Le *cône* peut être oblique ou droit comme la pyramide. La base peut être une courbe quelconque, ellipse, cercle, etc. De là les noms de *cône elliptique*, *circulaire*, etc.

Nombre de corps ou d'objets ont la forme d'un cône circulaire droit, par exemple, un cornet de papier, un pain de sucre, un éteignoir, etc.

La surface du cône est développable comme celle du cylindre : prenez un cornet de papier, ouvrez-le et vous l'étalerez

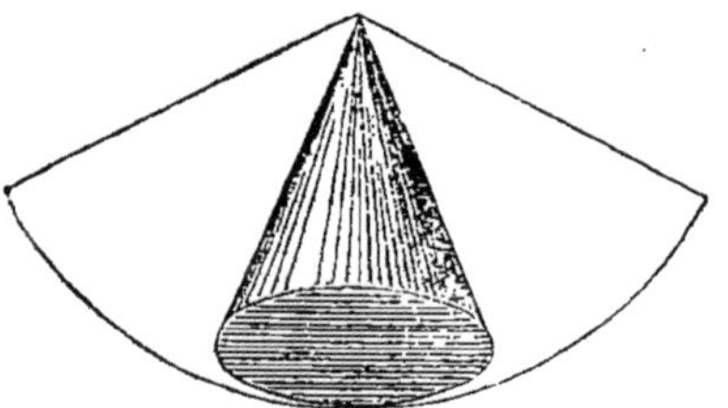

Fig. 204.

à plat sans le déchirer ni le froisser. Ou encore, taillez un secteur dans une feuille de papier, repliez-le sur lui-même, de manière à en rapprocher les bords, vous obtiendrez la surface d'un cône dans lequel la circonférence de la base est égale à la longueur de l'arc du secteur, et le *côté* du cône, c'est-à-dire une des lignes droites allant du sommet à la circonférence de la base, est égal au rayon du secteur.

Sections coniques. — En sciant un cône transversalement ainsi qu'on le voit faire à l'épicier détaillant un pain de sucre, on obtient des sections de formes diverses selon la direction donnée à la scie. Coupe-t-on perpendiculairement à l'axe, on obtient des sections circulaires d'autant plus grandes qu'elles sont plus près de la base, mais toujours plus petites que cette base. Coupe-t-on le cône dans un sens oblique à l'axe, la section est une ellipse plus ou moins allongée selon le degré d'obliquité. On obtient encore, en va-

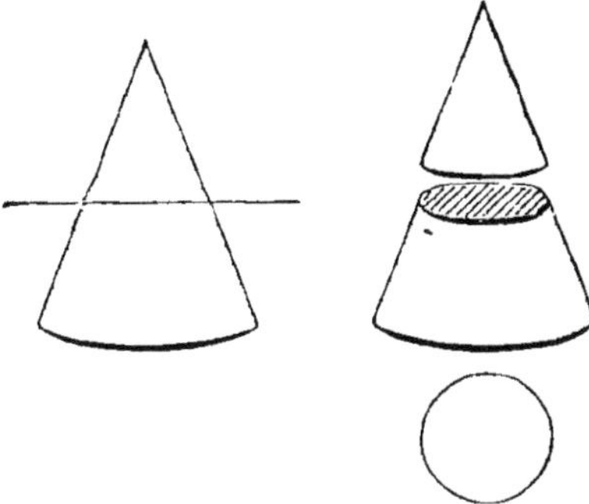

Fig. 205.

riant l'inclinaison du plan coupant, des courbes d'une autre nature, telles que la parabole et l'hyperbole ; mais nous nous bornons à les énoncer, pour ne pas dépasser les limites de ces *premières notions*.

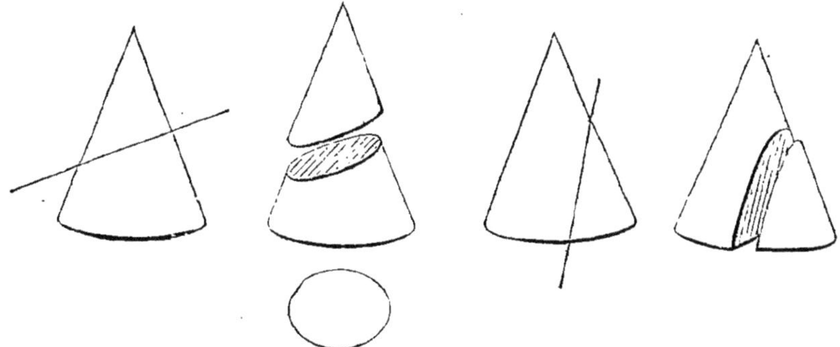

Fig. 206.

Prisme et pyramide tronqués. — Si après qu'on a coupé un prisme ou un cylindre, dans un sens obliqueà l'axe, on détache la partie supérieure, il reste un *tronc de prisme* ou de *cylindre*. Les bases ne sont pas parallèles. Les tas de sables ou de cailloux rangés le long des routes et qui servent aux réparations sont généralement des troncs de prisme.

De même, si l'on coupe une pyramide ou un cône transversalement, et qu'on détache la petite pyramide ou le cône partiel, il reste un tronc de pyramide ou un tronc de cône, lesquels peuvent avoir ou non les bases parallèles.

Si les *bases* sont parallèles, elles sont nécessairement semblables ; leur distance est la *hauteur* du tronc.

La trémie qui laisse échapper les grains de blé vers le centre de la meule est un tronc de pyramide creux ; l'auge des maçons est un tronc de prisme ou un tronc de pyramide.

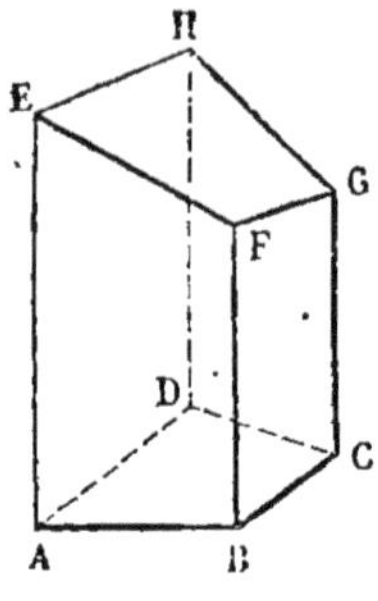

Fig. 207.

Fig. 208.

Un abat-jour, certains baquets, ont la forme de troncs de cône.

RÉSUMÉ.

On nomme polyèdres tout volume terminé par des faces planes.

Le prisme est un polyèdre dont les faces sont des parallélogrammes se raccordant à deux faces parallèles constituant les bases, et qui sont des polygones quelconques.

Un parallélipipède est un prisme dont les bases sont des parallélogrammes. Il est droit si les arêtes latérales sont perpendiculaires aux bases. Dans le cas contraire il est oblique. Il est régulier si les bases sont des polygones. Il est rectangle si les bases sont rectangulaires et si, en même temps, il est droit. Si toutes les faces sont des carrés, y compris les bases, le parallélipipède prend le nom de cube.

Le cylindre circulaire peut être considéré comme un prisme ayant pour bases des cercles. Il peut être droit ou oblique. Si on le coupe parallèlement à la base, la section est un cercle ; obliquement, la section est une ellipse.

La pyramide est un polyèdre à une seule base qui est un polygone quelconque et pour faire des triangles dont les sommets se réunissent en un point commun qui est le sommet de la pyramide.

La hauteur est la perpendiculaire obtenue du sommet sur la base.

Le cône circulaire peut être regardé comme une pyramide régulière dont la base est un cercle. Il est droit ou oblique.

La surface du cône et celle du cylindre sont des surfaces développables.

Si l'on coupe un cône circulaire droit par des plans, on obtient des sections diverses : c'est un cercle, si la section est perpendiculaire à l'axe; une ellipse, si la section est oblique, etc.

On nomme tronc de prisme ou tronc de cylindre ce qui reste d'un prisme ou d'un cylindre lorsqu'on en détache une partie en le coupant dans un sens oblique.

On nomme tronc de pyramide ou tronc de cône ce qui reste d'une pyramide ou d'un cône lorsqu'on les coupe par un plan parallèle ou oblique à la base. Le tronc a deux bases qui peuvent être parallèles ; la distance des bases parallèles est la hauteur du tronc.

LES POLYÈDRES RÉGULIERS ET LA SPHERE.

SOMMAIRE. — Définitions. — Nombre et dénomination des polyèdres réguliers — Sphère. — Sections de la sphère ; grands cercles ; petits cercles. — Pôles. — Plan tangent. — Sphères tangentes, sécantes, etc. — Zone. — Résumé.

Définitions. — De même qu'il y a des polygones réguliers, il existe des polyèdres réguliers. Les premiers ont tous leurs côtés égaux ; ceux-ci ont toutes leurs faces qui sont des polygones réguliers égaux. Les premiers ont tous leurs angles égaux ; ceux-ci ont tous leurs angles polyèdres égaux.

Tout polygone régulier peut être inscrit dans un cercle et circonscrit à un autre cercle ; de même, tout polyèdre régulier peut être inscrit dans une sphère ou circonscrit à une autre sphère.

Le rayon de la sphère inscrite dans un polyèdre régulier est l'apothème de ce polyèdre.

Nombre et dénomination des polyèdres réguliers. — Tandis que le nombre des polygones réguliers est infini, le nombre des polyèdres réguliers est très-limité. C'est ce dont il est facile de s'assurer en formant des angles polyèdres avec des polygones réguliers.

Prenons des triangles équilatéraux dont chaque angle vaut, on le sait, 60 degrés. On peut d'abord en grouper trois autour d'un même sommet, car il en faut au moins trois pour former le coin ou sommet. On obtient ainsi un angle trièdre formé de trois angles plans de 60 degrés. Pour fermer le volume, il n'y a qu'à placer une quatrième face qui est un triangle équilatéral comme les autres. Le polyèdre régulier ainsi obtenu a quatre faces triangulaires ; c'est le *tétraèdre* [1] *régulier*.

Fig. 209.

1. De *tétra* qui signifie *quatre*

Groupons maintenant quatre de ces triangles de manière à former un angle de quatre faces de 60°, c'est encore possible. Deux de ces angles rassemblés par leurs bords donnent naissance au polyèdre régulier de huit faces triangulaires ou *octaèdre*[1] *régulier*.

Fig. 210.

Cinq triangles équilatéraux groupés autour d'un point formeront un angle solide à cinq faces de 60°, et quatre angles pareils adaptés par leurs bords pentagonaux donneront lieu au polyèdre régulier de vingt faces triangulaires ou *icosaèdre*[2].

Fig. 211.

On ne peut aller au-delà avec des triangles équilatéraux : en effet, six de ces triangles rassemblés autour du même point ne peuvent former un angle polyèdre, puisque 6 fois $60° = 360°$ ou quatre angles droits. Les triangles ainsi rassemblés forment une surface plane.

Il existe donc trois polyèdres réguliers dont les faces sont des triangles équilatéraux : ce sont le tétraèdre, l'octaèdre, l'icosaèdre.

Groupons maintenant des carrés : trois carrés rassemblés autour d'un point forment un trièdre droit, et deux de ces trièdres adaptés par leurs bords donnent naissance au *cube* ou *hexaèdre*[3] *régulier*. Il en a déjà été question à propos du prisme.

Fig. 212.

Il n'est pas possible de grouper quatre carrés, car cela fait quatre angles droits autour du même point et conséquemment une surface plane.

Groupons des pentagones réguliers dont l'angle vaut 108°. Trois de ces polygones rassemblés formeront un angle trièdre dont les trois angles sont de 108° ; $3 \times 108 = 324$, nombre moindre que 360. Quatre groupements semblables, convenablement rapprochés, donneront lieu au *dodécaèdre*[4] *régulier* ou polyèdre à douze faces.

Fig. 213

On ne saurait aller plus loin, car l'angle de l'hexagone régulier

1. De *octo*, huit. — 2. De *icos*, vingt. — 3. De *hexa*, six. — 4. De *dodéca*, douze.

est de 120°, et $3 \times 120 = 360$. Il n'y a donc pas possibilité de faire un trièdre avec des angles de 120°. A plus forte raison ne peut-on employer des polygones d'un plus grand nombre de côtés.

Sphère. — Nous avons regardé la circonférence comme un polygone régulier d'un très-grand nombre de côtés ; de même la sphère peut être assimilée à un polyèdre dont le nombre des faces est pour ainsi dire infini. Toutefois il est plus exact de dire que la *sphère* est un volume renfermé par une surface dont tous les points sont à égale distance d'un point intérieur appelé centre.

Si l'on compare la sphère au cercle, on voit que la ligne que nous avons nommée circonférence correspond à la surface de la sphère, et que la surface que nous avons nommée cercle correspond au volume de la sphère. La circonférence limite le cercle comme la surface sphérique limite la sphère.

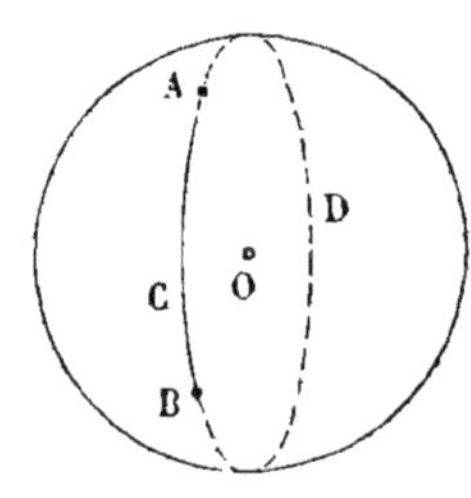

Fig. 214.

Si l'on place verticalement une pièce de monnaie sur une table et qu'on la fasse ainsi tourner rapidement autour de son diamètre vertical, on croit voir une sphère. On peut dire qu'un cercle qui tourne autour d'un de ses diamètres engendre une sphère.

La sphère, comme la circonférence, a des rayons et des diamètres, mais ils ne sont pas contenus dans un même plan et vont dans toutes les directions du centre à un point quelconque de la surface. Les *diamètres* vont d'un point de la surface à un autre en passant par le centre. Ils sont tous égaux et doubles du rayon.

Sections de la sphère. Grands cercles. Petits cercles. — Dépouillez une orange de son écorce, puis ouvrez-la en deux moitiés ou *hémisphères ;* la section est un cercle qui a le même rayon que celui de la sphère ; c'est ce qu'on nomme un *grand cercle.*

Les diverses lignes qui séparent les tranches de l'orange sont autant de demi-grands cercles. Dans ce fruit, le nombre en est naturellement limité ; mais il est facile de voir que sur une boule on en peut tracer un nombre aussi grand qu'on le voudra. Les méridiens et l'équateur terrestres sont autant de grands cercles de la sphère terrestre

Tous les grands cercles sont égaux ; ils ont même centre, même rayon, même diamètre que la sphère elle-même.

Tous s'entrecoupent en deux parties égales. Tous divisent la sphère et sa surface en deux parties égales.

Au lieu de détailler l'orange au moyen de ses divisions naturelles, on peut la détailler en travers des tranches, à partir du bord. La première tranche est toute petite, de la grandeur d'une pièce de cinq francs et à peu près de la même forme; à mesure qu'on avance vers le milieu, les disques ou tranches sont de plus en plus grands, mais la section est toujours au cercle.

Au moment où la section passe par le centre, le cercle obtenu est un grand cercle. Tous les cercles de grandeurs différentes plus petits que les grands cercles sont nommés *petits cercles*.

Fig. 215.

Les globes de verre pour lampes sont terminés par deux petits cercles parallèles.

Deux points pris sur la surface d'une sphère peuvent être unis par des arcs de longueurs très-différentes appartenant à des petits cercles de rayons différents; mais lorsque l'arc est un arc de grand cercle, il répond au plus grand rayon et à la moindre courbure. Il est sur la sphère ce que la ligne droite est sur un plan ; c'est le plus court chemin d'un point à un autre. On mesure donc la distance de deux points sur la surface de la sphère par l'arc de grand cercle qui les unit.

On forme avec des arcs de grands cercles des triangles et des polygones sphériques.

Pôles. — Les tranches d'une orange sont disposées tout autour d'une ligne qu'on peut nommer l'*axe naturel* de l'orange, et dont les extrémités sont les *pôles naturels* de ce fruit. Dans une sphère, un diamètre quelconque peut être pris pour axe, et les extrémités de cet axe sont les pôles de tous les cercles qu'on obtient en coupant la sphère par des plans perpendiculaires à ce diamètre (fig. 216).

P et P′ sont les pôles des cercles **DME, ABC, FGH,** car la ligne PP′ est perpendiculaire aux plans de ces cercles. On peut remarquer que les arcs de grand cercle qui vont du point P aux divers points de chacune des circonférences sont égaux. Ainsi P est à égale distance de A, de B et de C, soit qu'on mesure cette distance par des lignes droites, soit qu'on la mesure sur la surface de la sphère par les arcs PA, PB, PC.

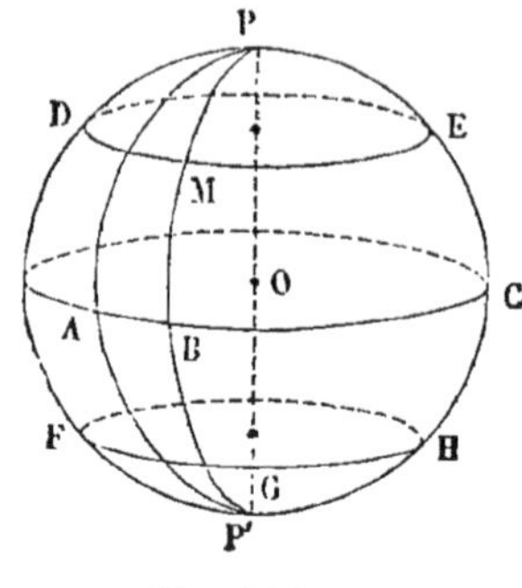

Fig. 216.

Lorsqu'il s'agit de la Terre, PAP', PBP', PCP', sont des demi-méridiens; DME, FGH sont des parallèles, ABC est l'équateur [1].

Remarque. — Le méridien terrestre ayant une longueur de 40,000,000 de mètres, un degré vaut 360 fois moins ou 111,111 mètres. Quant au rayon terrestre, il est égal à 40,000,000 : 6,28 ou à 6,366 kilomètres environ.

Plan tangent. — Lorsqu'une boule repose sur un plan, elle le touche en un point seulement et le plan est dit tangent

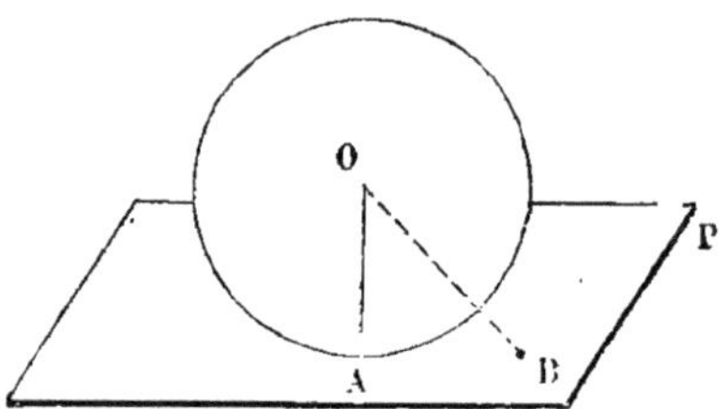

Fig. 217.

à la boule. Ce plan est par rapport à la sphère ce que la tangente à une circonférence est par rapport à la circonférence, et, comme la tangente, le plan tangent est perpendiculaire au rayon qui aboutit au point de contact. Toute autre ligne OB, différente du rayon OA, étant oblique, est plus longue que le rayon OA et par conséquent son extrémité B est au dehors de la sphère. Le point A est le seul point commun au plan et à la sphère.

Les plans tangents à la surface de la terre sont des plans *horizontaux*. Ainsi le plan P est le plan horizontal ou l'horizon du point A. La direction du rayon OA, qui n'est autre que celle du fil à plomb au point A, est la *verticale*.

1. Voir les *Premières notions de Cosmographie*.

Sphères tangentes, sécantes, etc. — Deux sphères, ainsi que deux cercles, peuvent être *extérieures* l'une à l'autre ou *tangentes*, — leur point de contact est sur la ligne des centres, — ou se pénétrer en partie et devenir *sécantes*, et, si la plus petite est tout entière à l'intérieur de la grande, elles peuvent être *tangentes intérieures*, ou ne pas se toucher du tout, auquel cas elles sont simplement *intérieures*.

Si l'on se reporte aux cas analogues de deux cercles, on peut regarder les positions relatives des sphères comme engendrées par la rotation des cercles autour de la ligne des centres dans les positions correspondantes des deux cercles.

Zone. — Prenez une des tranches d'orange dont il a été question plus haut. Elle est recouverte de sa peau. Détachez la peau sans la déchirer et vous obtenez une sorte de ceinture ou *zone*, car zone signifie ceinture. Seulement la zone n'a pas d'épaisseur : c'est une surface. C'est la partie de la surface de la sphère limitée par deux circonférences dont les plans sont parallèles. La distance de ces deux plans se nomme *hauteur* de la zone. Les deux circonférences sont les *bases*.

Si l'un des plans est tangent à la sphère, la zone n'a qu'une base et se nomme, à cause de sa forme, *calotte* sphérique. C'est la peau de la première tranche de l'orange.

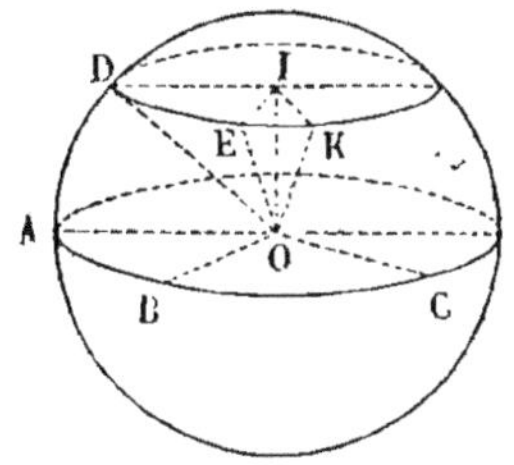

La calotte qui a pour base un grand cercle est un hémisphère ou demi-sphère.

Fig. 218

La surface de la sphère est formée de deux calottes hémisphériques ou, si l'on veut, c'est une zone sans base dont la hauteur est le diamètre de la sphère.

Deux *cercles parallèles* comprennent une zone de la sphère terrestre. Les zones comprises entre l'équateur et chacun des tropiques, ou entre les tropiques et les cercles polaires, sont autant de zones de la sphère terrestre qui ont reçu des noms particuliers. Il en est de même des calottes limitées par les cercles polaires et dont chaque pôle est le milieu.

RÉSUMÉ.

On nomme polyèdres réguliers des polyèdres qui ont tous leurs angles solides égaux et dont toutes les faces sont des polygones réguliers égaux.

Tout polyèdre régulier peut être inscrit dans une sphère ou circonscrit à une sphère.

Le rayon de la sphère inscrite est l'apothème du polyèdre.

Il n'y a que cinq polyèdres réguliers dont trois ont pour faces des triangles équilatéraux. Ce sont : le tétraèdre, l'octaèdre et l'icosaèdre ; un a pour faces des carrés, c'est l'hexaèdre ou cube ; enfin le dernier a pour faces des pentagones, c'est le dodécaèdre.

La sphère est un volume renfermé dans une surface dont tous les points sont à égale distance d'un point intérieur nommé centre.

On peut la regarder comme un polyèdre d'un nombre immense de facettes.

La sphère peut être encore définie : le volume engendré par un demi-cercle qui tourne autour de son diamètre et fait une révolution complète.

Toute section faite dans une sphère est un cercle. Si le plan coupant ou sécant passe par le centre, c'est un grand cercle ; s'il n'y passe pas, c'est un petit cercle.

Tous les grands cercles d'une même sphère sont égaux ; ils ont même centre, même rayon, même diamètre que la sphère. Ils divisent le volume de la sphère et sa surface en deux parties égales.

L'arc de grand cercle est sur la surface de la sphère ce que la ligne droite est sur un plan ; c'est le plus court chemin d'un point à un autre sur la surface de la sphère.

On nomme triangles et polygones sphériques des triangles et des polygones formés d'arcs de grands cercles.

Les pôles d'un cercle sont les extrémités du diamètre perpendiculaire au plan de ce cercle et passant par son centre. Ils sont à égale distance de tous les points de la circonférence du cercle.

Un plan est dit tangent à la sphère lorsqu'il a avec la sphère un seul point commun nommé point de contact ; ce plan est perpendiculaire à l'extrémité du rayon en ce point.

Les sphères peuvent être extérieures, tangentes ou sécantes.

Si deux sphères sont extérieures, la distance des centres est plus grande que la somme des rayons.

Si elles sont tangentes extérieures, la distance des centres est égale à la somme des rayons.

Si elles sont sécantes, la distance des centres est plus petite que la somme des rayons.

Si elles sont tangentes intérieures, la distance des centres est égale à la différence des rayons.

Si elles sont intérieures, la distance des centres est plus petite que la différence des rayons.

On nomme zone la portion de la surface de la sphère comprise entre deux circonférences dont les plans sont parallèles. Ces circonférences sont les bases de la zone, la distance des deux plans en est la hauteur.

La zone qui n'a qu'une base est une calotte; la calotte qui a pour base un grand cercle est un hémisphère.

MESURE DES SURFACES DES POLYEDRES ET DES CORPS RONDS.

SOMMAIRE. — Surface du prisme. — Cas où le prisme est droit. — Surface du cylindre droit. — Surface du tronc de prisme; du tronc de cylindre. — Surface de la pyramide. — Cas où la pyramide est régulière. — Surface du cône droit. — Surface du tronc de pyramide ; du tronc de cône à bases parallèles. — Surface d'un polyèdre quelconque ; de la zone et de la sphère. — Résumé.

Surface du prisme. — On peut entendre la surface du prisme de deux manières : ou il s'agit de l'ensemble des faces, sans comprendre les bases, et c'est alors ce qu'on nomme la *surface convexe*, ou bien on ajoute à la surface convexe les surfaces des bases et on obtient alors la *surface totale.*

Qu'il s'agisse de l'une ou de l'autre, on ne rencontre pas plus de difficulté ; c'est toujours une somme à faire de surfaces qu'on sait déjà évaluer puisque les faces latérales sont des parallélogrammes (rectangles ou carrés) et que les bases sont des polygones.

Cas où le prisme est droit. — Si le prisme est droit, les faces sont des rectangles de même hauteur. Quant aux bases de ces rectangles, ce sont les divers côtés de la base du prisme.

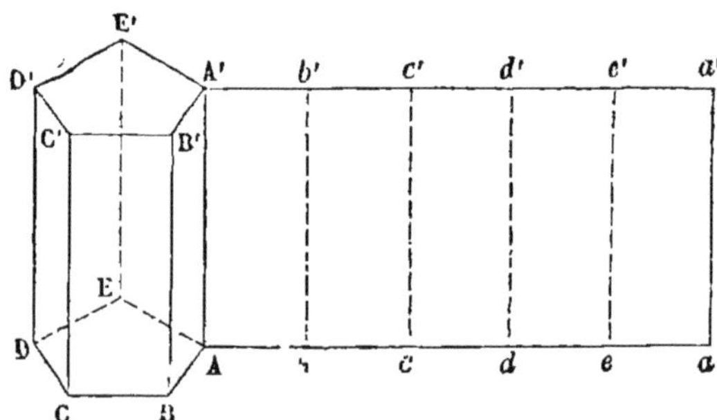

Fig. 219.

Donc, *pour obtenir la surface convexe, il faut multiplier la hauteur* AA' d'abord par AB, puis par BC, puis par CD, et ajouter tous ces produits. Ce qui revient à multiplier la *hauteur* AA′ par la somme AB + BC + CD + etc., c'est-à-dire par *le périmètre de la base.*

On arrive au même résultat en développant le prisme comme on ferait d'un paravent qu'on étalerait à plat. C'est ce que montre la fig. 219, où le prisme régulier creux étant ouvert et développé, on obtient le rectangle A*a* A′*a*′ dont la hauteur AA′ est celle du prisme et la base A*a* est le périmètre du polygone ABCDE.

La surface totale du prisme est égale à la surface convexe ou latérale augmentée de celle des bases.

Surface du cylindre droit. — Le cylindre peut être regardé comme un prisme dont la base est un polygone d'un très-grand nombre de côtés. Si, en outre, il est droit, on en *obtiendra la surface en multipliant la circonférence de la base par la hauteur.*

C'est d'ailleurs ce qu'on peut déduire du développement du cylindre, car nous avons vu plus haut que la surface du cylin-

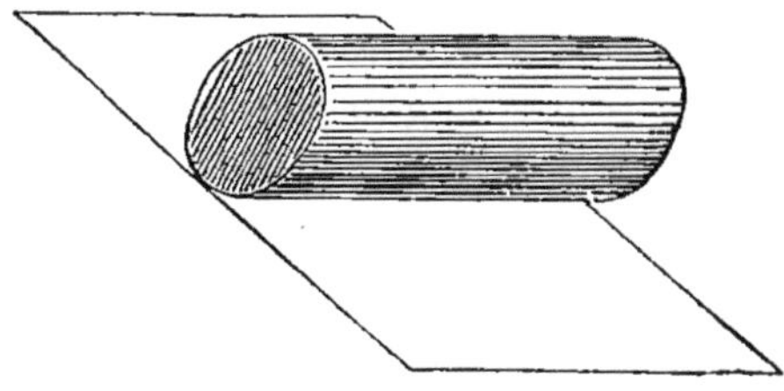

Fig. 220.

dre déroulée sur un plan donne naissance à un rectangle dont la hauteur est celle du cylindre et dont la base n'est autre que la circonférence déroulée et rectifiée de la base du cylindre.

Pour obtenir la surface totale, il faut ajouter à la surface convexe celle des deux bases.

Exercice. — Calculer la surface de tôle nécessaire à la construction d'une chaudière cylindrique ayant $0^m,80$ de diamètre et $1^m,20$ de longueur.

Solution. — Il est clair que c'est de la surface totale qu'il s'agit. Évaluons d'abord la surface latérale. La circonférence de base du cylindre a pour longueur

$$0^m,80 \times 3,14 = 2^m,512.$$

La surface latérale vaut donc

$$2,512 \times 1,20 = 3^{mq},0144.$$

Il faut ajouter deux fois la surface d'une base. Or la surface de ce cercle peut être obtenue en multipliant la circonférence par la moitié du rayon, ou le quart de $0^{m},80 = 0^{m},20$.

Surface d'une base $= 2,512 \times 0^{m},20$

Deux fois $= 2,512 \times 0^{m},40 = 1^{mq},0048$.

La surface totale de la chaudière est dès lors égale à

$$3,0144 + 1,0048 = 4^{mq}\,02^{dmq} \text{ environ.}$$

Surface du tronc de prisme; de cylindre. — La surface convexe est formée d'un ensemble de trapèzes.

On pourra également décomposer la surface convexe du tronc de cylindre en un grand nombre de trapèzes dont la somme sera sensiblement égale à la surface du tronc.

Surface de la pyramide. — La surface convexe de la pyramide est égale à la somme des triangles dont elle est composée. On y ajoutera la surface du polygone de base si l'on veut la surface totale.

Cas où la pyramide est régulière. — Dans ce cas les hauteurs des divers triangles sont égales; il n'y a donc qu'à multiplier cette hauteur successivement par AB, par BC, etc., puis à ajouter tous les produits et prendre la moitié du résultat. Ce qui revient à *multiplier la moitié de la hauteur d'un des triangles par* la somme des côtés AB, BC, CD,... de la base ou *le périmètre de la base. On aura ainsi la surface convexe.*

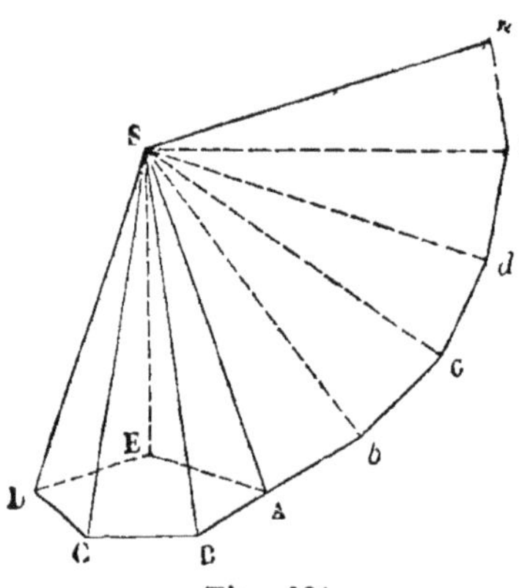

Fig. 221.

On arrive au même résultat en ouvrant et développant la pyramide, comme le montre la figure; les divers triangles s'étalent en formant un éventail.

Pour obtenir la surface totale, ajoutez à la surface convexe celle de la base.

Surface du cône droit. — Le cône peut être assimilé à une pyramide dont la base est un polygone d'un très-grand nombre de côtés. Si, de plus, il est droit, *pour obtenir* *la surface convexe il faut multiplier la circonférence de la base par la moitié du côté du cône.*

On arrive au même résultat en développant le cône. Le cône ouvert et étalé sur un plan donne un secteur de cercle dont le rayon est le côté du cône et dont l'arc est égal à la circonférence de la base du cône.

On obtiendra la surface totale en ajoutant, à la surface convexe, celle du cercle de base.

Exercice. — On demande ce que coûtera, à raison de 2 fr. 50 le mètre carré, la couverture d'une tour à toit conique. La tour a $4^m,20$ de rayon, et le toit a $12^m,4$ de côté.

Solution. — Cherchons la surface latérale de ce cône. La circonférence de base a

$$4^m,20 \times 6^m,28 = 26^m,376.$$

La surface latérale du cône est donc égale à

$$26,376 \times \frac{12,4}{2} = 26,376 \times 6,2 = 163^{mq},53.$$

Et la dépense, à raison de 2 fr. 50 c. le mètre carré, se montera à

$$163,53 \times 2,5 = 408 \text{ fr. } 82 \text{ c.}$$

Surface du tronc de pyramide; du tronc de cône à bases parallèles. — C'est un ensemble de trapèzes. Si en outre il est régulier, la hauteur est la même pour tous les trapèzes; il suffira donc de multiplier cette hauteur par la demi-somme des périmètres des bases.

La surface du tronc de cône est égale au produit du côté du tronc par la demi-somme des circonférences des bases. C'est ce qu'on peut voir également en développant le tronc: on obtient une bande qui est un fragment de couronne. La couronne, on le sait, est la différence de deux cercles concentriques.

La surface totale s'obtiendra en ajoutant à la surface convexe celles des deux cercles de base.

Surface d'un polyèdre quelconque, de la zone et de la sphère. — La surface de tout polyèdre autre que les précédents se compose de la somme de celles de ses faces.

Si le polyèdre est régulier, toutes ses faces sont égales et la surface de l'une d'elles étant connue, il n'y a qu'à la multiplier par le nombre des faces.

La surface d'une zone, d'une sphère, ou de toute autre partie de la sphère ne s'obtient pas par des procédés élémentaires; nous ne saurions donc les exposer ici. Mais nous donnons les moyens de les évaluer à cause du grand nombre d'applications qu'on en peut faire.

La surface d'une zone s'obtient en multipliant la circonférence d'un grand cercle par la hauteur de la zone.

Il en résulte que les surfaces des zones d'une même sphère sont dans le même rapport que les hauteurs de ces zones.

La surface de la sphère est celle d'une zone dont la hauteur est égale au diamètre ; elle est donc *égale* au produit de la circonférence d'un grand cercle par son diamètre, ou, ce qui revient au même, *à quatre fois la surface d'un grand cercle.*

Exercice. — Évaluer, en myriamètres carrés, la surface du globe terrestre.

Solution. — Il faut, d'après ce qui précède, quadrupler la surface d'un grand cercle terrestre ou d'un méridien.

Or, d'après la définition du mètre, le méridien a 40 millions de mètres ou 4,000 myriamètres. Le rayon de la terre est donc égal, en myriamètres, à

$$4{,}000 : 6{,}28 = 636^{\text{myr}}6.$$

On peut obtenir la surface d'un cercle en multipliant la longueur de la circonférence par la moitié du rayon. En opérant ainsi, on voit que la surface du globe est égale à

$$4 \times 4000 \times 318{,}3$$

Effectuant le calcul, on trouve :

5.092.800 myriamètres carrés.

RÉSUMÉ.

On distingue dans tout prisme la surface convexe ou latérale et la surface totale. L'une et l'autre se composent de l'ensemble de celles des faces.

La surface latérale d'un prisme droit est égale au périmètre de la base multiplié par la hauteur.

La surface latérale du cylindre est égale à la circonférence de la base multipliée par la hauteur.

La surface du tronc de prisme s'obtiendra en faisant la somme des trapèzes qui la composent.

La surface convexe d'une pyramide quelconque est égale à la somme de celles de ses faces triangulaires.

La surface d'une pyramide régulière est égale au périmètre de la base multiplié par la moitié de la hauteur d'une des faces.

La surface d'un cône droit est égale à la circonférence de la base multipliée par la moitié du *côté.*

La surface latérale ou convexe du tronc de pyramide à bases parallèles est égale à la demi-sommé des périmètres des bases multipliée par la hauteur des faces; celle du tronc de cône est égale à la demi-somme des circonférences des bases par le *côté* du tronc.

La surface d'un polyèdre quelconque s'obtient en faisant la somme de celles des faces.

La surface d'une zone est égale à la circonférence d'un grand cercle multipliée par la hauteur.

La surface de la sphère équivaut à quatre fois celle d'un de ses grands cercles.

MESURE DES VOLUMES [1]

SOMMAIRE. — Mesure des volumes. — Volume du cube. — Remarque. — Volume du parallélipipède rectangle. — Remarque. — Volume du parallélipipède droit ou oblique. — Volume du prisme triangulaire. — Volume d'un prisme quelconque. — Volume du cylindre. — Volume de la pyramide. — Volume du tronc du pyramide. — Volume du cône. — Volume du tronc de cône à bases parallèles. — Volume de la sphère. — Volumes semblables; leurs rapports. — Cubage des arbres. — Jaugeage des tonneaux. — Mesure des volumes par les poids. — Résumé.

Mesure des volumes. — Nous avons dit qu'on ne mesure pas les surfaces en portant sur elles une plaque carrée représentant l'unité de surface. On ramène cette mesure à celle de certaines lignes qui font partie des surfaces à mesurer et à quelques opérations d'arithmétique. Ceci s'applique également à la mesure des volumes proprement dits; on reconnaît immédiatement l'impossibilité d'évaluer directement, au moyen d'une des mesures de volume ou de capacité, le volume d'une pierre de taille ou de la masse d'air renfermée dans une salle.

Cependant, lorsqu'il s'agit, non d'évaluer un volume, mais de le débiter, comme il arrive pour le bois de chauffage, le charbon de bois, etc., ou pour le vin, le lait et un grand nombre de substances alimentaires, on emploie effectivement des mesures de capacité. Encore faut-il que les volumes à mesurer ne soient pas considérables.

Nous nous proposons maintenant de donner le moyen d'évaluer les principaux volumes dont il vient d'être question, qu'ils soient creux ou massifs, uniquement au point de vue de la géométrie, c'est-à-dire pour connaître l'espace qu'ils oc-

1. On sait que les volumes s'évaluent soit au moyen du mètre cube qui prend le nom de stère lorsqu'il s'agit de bois de chauffage, soit en litres pour les volumes creux destinés à être emplis et qui portent plus particulièrement le nom de capacités.

cupent, à l'aide de certaines opérations effectuées sur les nombres qui représentent les dimensions de ces volumes.

Le cube et le parallélipipède rectangle ou cube allongé, sont parmi les volumes ce que le carré et le rectangle sont parmi les surfaces. On les décompose facilement en mètres cubes ou subdivisions du mètre cube par des opérations mécaniques apparentes. C'est donc tout naturellement par la mesure de ces volumes que nous allons commencer. De là, nous passerons à d'autres moins simples : tels que le parallélipipède oblique, le prisme, etc., en ramenant ces nouveaux volumes à des parallélipipèdes rectangles équivalents.

Volume du cube. — Supposons qu'on ait à évaluer le nombre de mètres cubes contenus dans un cube de six mètres d'arête. Marquons sur une des arêtes les cinq points de division répondant à des longueurs d'un mètre. Le cube étant posé sur un plan horizontal, le dessus d'une table ou le plancher, nous choisissons de préférence une des arêtes verticales uniquement par raison de commodité.

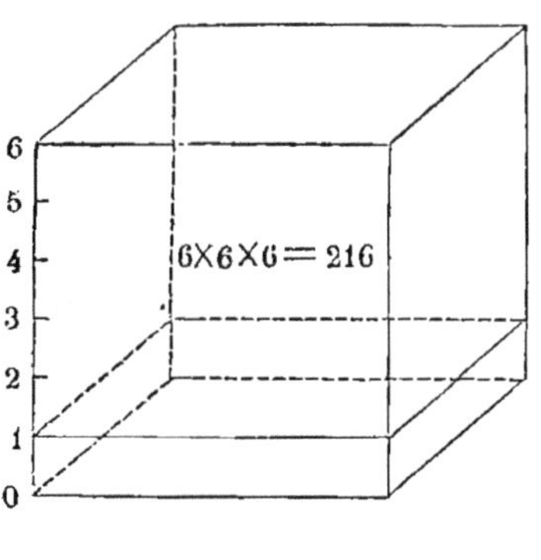

Par chacun des points de division, menons des plans parallèles à la base, de manière à décomposer le cube en six parties égales, comme si on voulait le débiter en tranches.

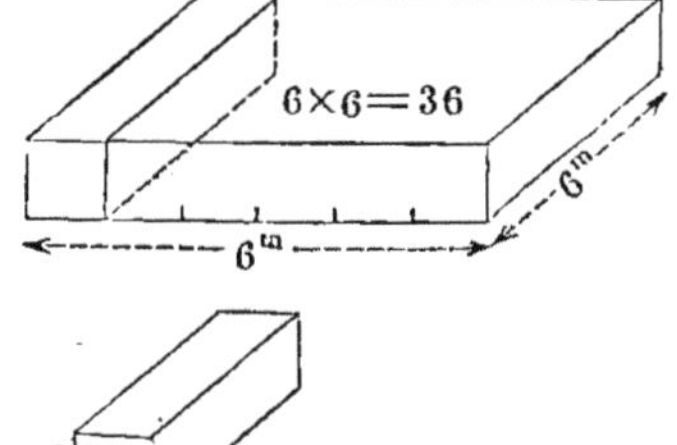

Fig. 222.

Ces tranches ont six mètres de long et de large, et un mètre de hauteur ou d'épaisseur. Prenons l'une d'elles, coupons-la à son tour en six parties égales, en faisant passer la lame tranchante par les points de division de la longueur et parallèlement à la largeur. Ces nouvelles parties ont six mètres de long, mais elles n'ont qu'un mètre en largeur comme en épaisseur.

En les coupant en travers, nous les débiterons en six

cubes d'un mètre d'arête, c'est-à-dire en mètres cubes.

On voit donc qu'il y a 6 mètres cubes dans chacun de ces derniers fragments ; par conséquent, 6 × 6 ou 36 mètres cubes dans les tranches précédentes, et, enfin, 36×6 ou 6×6×6 mètres cubes dans le tout.

On peut faire tout ce travail de décomposition sur le cube lui-même, sans détacher chaque tranche, en menant par chaque point de division d'une arête des plans perpendiculaires à cette arête. Ce qui fait trois séries de plans, les uns perpendiculaires à la hauteur, les deux autres perpendiculaires à la longueur ou à la largeur. Le cube se trouve ainsi divisé en 6×6×6 ou 216 mètres cubes.

Nous avons supposé que le côté du cube avait six mètres de longueur, mais il est facile de voir que la construction précédente s'applique à un nombre quelconque. On peut donc conclure que *le nombre de mètres cubes contenus dans un cube s'obtiendra en multipliant par lui-même le nombre qui représente la longueur de l'arête, puis ce même nombre par le produit obtenu.* Cela revient à faire un produit de trois nombres ou facteurs égaux à l'arête du cube, c'est-à-dire à *élever à la troisième puissance le nombre qui exprime la longueur de l'arête* [1].

Sans doute l'arête d'un cube ne contient pas toujours un nombre entier de mètres, mais le raisonnement qui précède s'applique également au cas où l'arête contient un certain nombre de mètres, plus des subdivisions du mètre. Supposons, par exemple, qu'au lieu de six mètres, la longueur soit de $6^{m}4$, on prendra le décimètre pour unité et on dira que la longueur est de 64 décimètres ; partout où on avait obtenu 6 divisions, on en aura maintenant 64 ; au lieu de faire le produit 6×6×6, on fera le produit 64×64×64. Mais tandis que dans le premier cas, le résultat représente des mètres cubes, dans le second, ce sont des décimètres cubes. C'est donc comme si l'on élevait le nombre 6,4 à la troisième puissance.

Remarque. — On s'explique maintenant pourquoi les sous-multiples et les multiples du mètre cube sont de mille

1. De là le nom de *cube* sous lequel on désigne en arithmétique la *troisième puissance* d'un nombre

en mille fois plus petits ou plus grands. On s'étonne toujours au premier abord de cette apparente contradiction entre les noms et la valeur de ces mesures. Il semble que les mots décimètre, centimètre, etc., désignant dixième de mètre, centième de mètre, etc., décimètre cube, centimètre cube, etc., devraient indiquer le dixième, le centième, etc., du mètre cube. Mais ces expressions sont formées de deux mots et signifient, *cube ayant un décimètre d'arête ou de côté*, *cube ayant un centimètre d'arête*, etc. Or le cube qui a une arête *dix* fois plus petite que celle d'un autre cube est contenu *mille* fois dans cet autre.

Volume du parallélipipède rectangle. — Le raisonnement que nous avons fait pour établir la mesure du cube convient également au parallélipipède rectangle. On décomposera ce nouveau volume comme le précédent, en mètres cubes ou en subdivisions du mètre cube. C'est ce qu'on voit aisément par la figure. Le parallélipipède a cinq mètres de long, deux mètres de large, et trois mètres de haut. Il contiendra le mètre cube représenté dans l'angle C un nombre de fois égal à $5 \times 2 \times 3 = 30$.

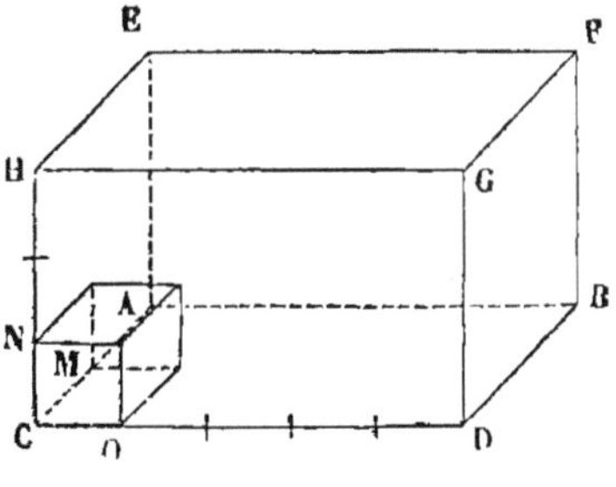

Fig. 223.

Le volume d'un parallélipipède rectangle s'obtient donc en faisant le produit de ses trois arêtes ou dimensions : longueur, largeur et hauteur ou profondeur.

Si l'on observe que le produit de la longueur par la largeur donne précisément la surface du rectangle qu'on peut regarder comme la base du parallélipipède, on peut dire que le volume de ce parallélipipède est égal au produit de la *surface de sa base* par sa hauteur.

C'est avec intention que nous soulignons les mots *surface de sa base*, car on a déjà désigné des lignes sous le nom de base et il s'agit maintenant, non d'une ligne, mais d'une surface.

Remarque. — Il suit de ce qui précède que, si l'on connaît le volume d'un cube et qu'on veuille en connaître l'arête, il faudra extraire la racine cubique du nombre qui exprime le volume.

Si l'on connaît le volume d'un parallélipipède rectangle et deux de ses dimensions, on trouvera la troisième dimension en divisant le nombre qui exprime le volume par le produit des deux dimensions connues.

Volume du parallélipipède droit et du parallèlipipède oblique. — Le parallélipipède droit ne diffère du parallélipipède rectangle que par la base, qui est un parallélogramme au lieu d'être un rectangle ; mais les arêtes sont perpendiculaires au plan de la base. Dès lors, on peut faire une construction qui rappelle ce qui a été fait pour déduire la surface du parallélogramme de celle du rectangle. Seulement au lieu d'une ligne, c'est un plan qu'on mène par DH, perpendiculairement à AD, comme on opère quand on veut couper carrément un bloc de savon ou un fragment de sucre.

Ayant ainsi détaché le morceau prismatique KCDLHG, on le transporte de droite à gauche en AIBEMF, et le parallélipipède droit se trouve ainsi transformé en parallélipipède rectangle. La hauteur n'a pas varié et le parallélogramme qui sert de base au premier équivaut au rectangle qui sert de base au second. *La mesure du parallélipipède droit est* donc, comme celle du parallélipipède rectangle, *le produit de sa base par sa hauteur.*

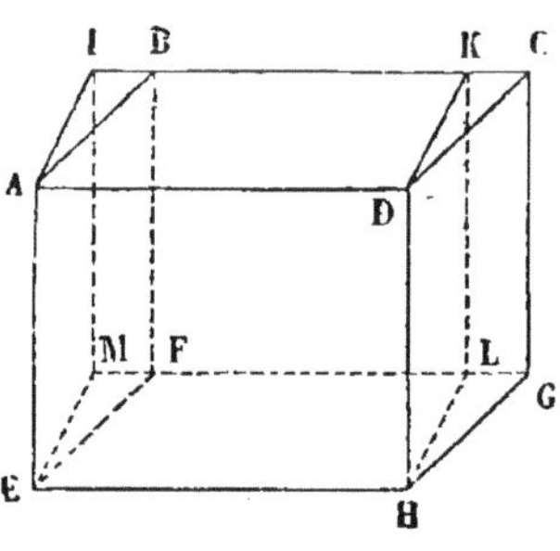

Fig. 224.

Le volume du parallélipipède oblique s'obtient comme celui du parallélipipède rectangle *en faisant le produit de sa base par sa hauteur.*

En résumé, le volume de tout parallélipipède s'obtient en faisant le produit de sa base par sa hauteur.

Sans faire usage de constructions géométriques, on peut montrer l'équivalence du parallélipipède droit et du parallélipipède oblique de même base et de même hauteur. Il suffit de prendre un paquet de cartes de visite et de les disposer d'abord en pile verticale, ou en parallélipipède rectangle ; ceci fait, sans toucher à la carte qui forme la base et qui repose sur la table, on déplacera légèrement les autres, de manière que l'une des faces, de verticale qu'elle était, devienne inclinée; on obtiendra ainsi un parallélipipède oblique, dont on pourra, à volonté, varier l'obliquité. Or tous ces parallélipipèdes ont même base qui est la surface d'une carte, et même hauteur qui est celle du paquet. Le volume est toujours le même, puisque c'est celui du paquet, qui reste invariable malgré ses déformations.

Exercice. — On double d'une lame de plomb le fond et les faces d'un bassin en forme de parallélipipède rectangle, dont les dimensions sont : longueur : $1^{m},7$; largeur : $1^{m},5$; profondeur : $0^{m},9$. La lame de plomb a 5 millim. d'épaisseur. On demande quel est le volume total du plomb nécessaire.

Solution. — Le volume cherché est la somme de 5 parallélipipèdes, ayant 5 millim. de hauteur, et dont les bases sont le fond et les quatre faces, lesquelles sont deux à deux égales.

Il suffit donc de chercher la surface de chacune de ces bases, d'en faire la somme, et de multiplier le résultat par 5 millimètres.

Surface du fond $= 1,7 \times 1,5 = 2^{mq},55$

Surface des deux faces $= 1,7 \times 0,9 \times 2 = 3^{mq},06$

Surface des deux autres $= 1,5 \times 0,9 \times 2 = 2^{mq},70$

Total. . . . $8^{mq},31$

Volume $= 8,31 \times 0,005 = 0,04155$.

Réponse : 41^{dc} 550^{c} de plomb.

Volume du prisme triangulaire. — Si l'on coupe un parallélipipède droit ou rectangle en deux parties suivant une diagonale de la base, on obtient deux prismes triangulaires égaux. Chacun d'eux est donc la moitié du parallélipipède. Or la hauteur de ces prismes est celle du parallélipipède, et la base de chacun d'eux est la moitié de celle du parallélipipède; donc *on obtiendra le volume du prisme triangulaire droit ou rectangle en faisant le produit de sa base par sa hauteur.*

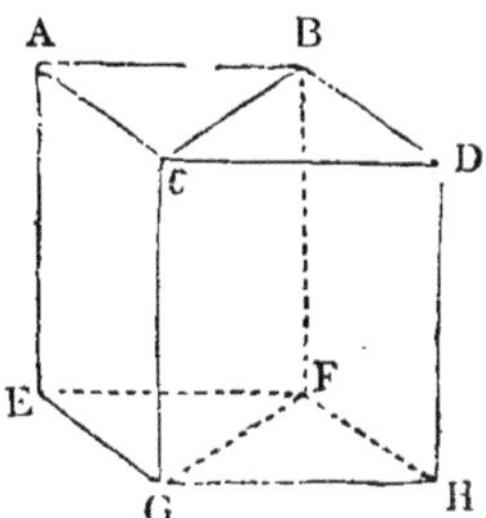

Fig. 225.

Pour trouver la mesure du volume du prisme triangulaire oblique, nous employons le procédé qui parle aux yeux et dont nous avons déjà fait usage à propos du parallélipipède oblique. Ayant pris un prisme droit, en bois, par exemple, nous le scions en travers, parallèlement aux bases, de manière à obtenir un grand nombre de tranches triangu-

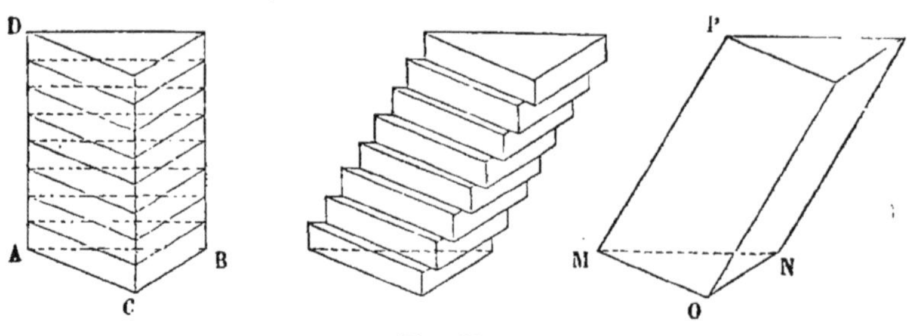

Fig. 226.

laires très-minces, à peu près comme on débite en tranches un saucisson. Ceci fait, rétablissons le prisme en formant une pile verticale de tranches ; puis déplaçons légèrement les tranches, progressivement de bas en haut, comme on le voit sur la figure : nous arrivons à former un prisme oblique qui a évidemment le même volume que le précédent, puisqu'il est composé des mêmes plaques triangulaires. Sa base est aussi la même, c'est la surface de la plaque. Sa hauteur est aussi la même, c'est la somme des épaisseurs des plaques qui sont en même nombre dans les deux. Donc, *pour ce prisme oblique* comme pour le précédent, *on obtiendra le volume en faisant le produit de sa base par sa hauteur.*

Volume d'un prisme quelconque. — On a vu comment d'un parallélipipède on peut faire deux prismes triangulaires ; il est facile de voir qu'un prisme à base quelconque est décomposable, par le même moyen, en autant de prismes triangulaires qu'il y a de triangles dans le polygone qui lui sert de base. Tous ces prismes ont la même hauteur. C'est cette hauteur qu'il faut multiplier successivement par la surface de chaque triangle, pour obtenir le volume de chaque prisme triangulaire ; puis, si l'on veut le volume du prisme total, il faut faire la somme de tous ces produits. Mais au lieu de multiplier la hauteur par chacun des triangles pour ajouter

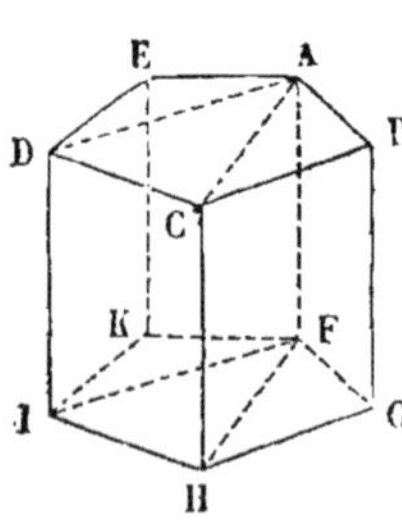

Fig. 227.

ensuite les produits, il vaut mieux ne faire qu'un produit, celui de la hauteur commune par la somme des triangles, c'est-à dire par la surface du polygone qui est la base du prisme total, et ceci, que le prisme soit droit ou oblique.

Donc, *pour évaluer le volume d'un prisme quelconque, faites le produit de la surface de sa base par sa hauteur*. Soit : $B \times H$.

Exercice. — Calculer le poids d'un prisme régulier hexagonal en fonte, ayant 0m,55 de hauteur. Le côté de l'hexagone de base est égal à 0m,35. Le décimètre cube de fonte pèse 7 kil. 2.

Solution. — Cherchons d'abord la surface de l'hexagone. Il a pour périmètre $0{,}35 \times 6$ ou 2m10. Il faut trouver l'apothème OP. Dans le triangle rectangle OAP (fig. 159), le rayon OA est égal au côté de l'hexagone, ou à 0m,35 ; AP égale la moitié ou 0m,175.

Pour calculer le côté OP, on sait que son carré vaut le carré de OA moins le carré de AP, ou

$$0{,}35^2 - 0{,}175^2 = 0{,}091875$$

$$OP = \sqrt{0{,}091875} = 0^m303$$

Par conséquent, la surface de la base du prisme est égale à

$$1{,}05 \times 0{,}303 = 0^{mq},3182.$$

Le volume du prisme est

$$0{,}3182 \times 0{,}55 = 0^{mc},175 \text{ déc. c.}$$

Et son poids

$$175 \times 7{,}2 = 1260 \text{ kilogrammes.}$$

Volume du cylindre. — Le cylindre étant une sorte de prisme dont la base est un polygone d'un très-grand nombre de côtés, *le volume du cylindre droit ou oblique est égal au produit de la surface de sa base par sa hauteur*. Soit : $3{,}1416 \times R^2 \times H$.

Exercice. — Quelle est, en hectolitres, la capacité d'un bassin circulaire ayant 4m,60 de diamètre et 0m,9 de profondeur?

Solution. — Ce bassin n'est autre chose qu'un cylindre. Le rayon de la base est égal à la moitié de 4m,60, ou à 2m,30, et la surface de cette base a

$$2{,}30 \times 2{,}30 \times 3{,}14 = 16^{mq},61.$$

La capacité du bassin cylindrique s'obtient en multipliant la surface de la base par la hauteur 0m,9 :

$$16{,}61 \times 0{,}9 = 14^{mc},949.$$

Le bassin contient 149hl,49.

Volume de la pyramide. — Le volume de la pyramide se déduit de celui du prisme à l'aide d'une démonstration trop compliquée pour trouver place ici. Ce que nous pouvons dire, c'est qu'on parvient, en coupant convenablement un prisme triangulaire, à le décomposer en trois pyramides équivalentes, ayant même base et même hauteur que le prisme. Chacune de ces pyramides vaut donc le tiers du prisme; si donc le volume du prisme s'obtient en faisant le produit de la base par la hauteur, celui de la pyramide ne vaut que le tiers de ce même produit, soit $\frac{B \times H}{3}$, ou, ce qui revient au même, $H \times \frac{B}{3}$ ou encore $B \times \frac{H}{3}$.

Une pyramide à base quelconque peut facilement être décomposée en pyramides triangulaires en nombre égal à celui des triangles dont se compose la base polygonale. Dès lors, pour obtenir le volume de la pyramide totale, il faut réunir ceux des pyramides partielles; mais, au lieu de faire une suite de produits de la hauteur commune par chacun des triangles dont la base est composée, et d'en prendre le tiers pour réunir ensuite ces produits, il suffit de multiplier la surface de la base polygonale par la hauteur, puis de prendre le tiers du produit; soit : $\frac{B \times H}{3}$.

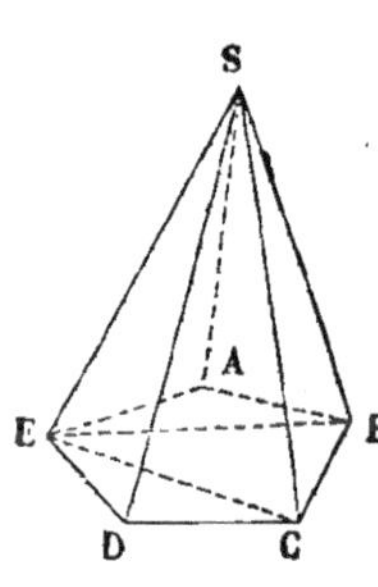

Fig. 228.

Exercice. — La plus grande des pyramides d'Égypte a 146 mètres de hauteur. Sa base est un carré de 233 mètres de côté. Calculer son volume.

Solution. — Il faut multiplier la surface de la base par la hauteur et prendre le tiers du produit.

Surface de la base $= 233 \times 233 = 54289^{mc}$.

Trois fois le volume $= 54289 \times 146 = 7926194^{mc}$.

Le volume égale le tiers ou 2642064 mètres cubes, en forçant le dernier chiffre.

Volume du tronc de pyramide à bases parallèles. — Ce volume équivaut à celui de trois pyramides, qui ont pour hauteur celle du tronc même, et pour bases, la première, la base inférieure ou B; la seconde, la base supérieure ou b; et la troisième une base égale à $\sqrt{Bb}$ (racine carrée du produit des deux bases). Le volume s'exprime donc de la manière suivante : $\frac{H(B+b+\sqrt{Bb})}{3}$.

Volume du cône. — Nous avons déjà dit que le cône peut être regardé comme une pyramide dont la base est un polygone d'un très-grand nombre de côtés; en conséquence, *on trouvera le volume d'un cône en multipliant la surface de sa base par le tiers de sa hauteur*, soit : $\frac{3,1416 \times R^2 \times H.}{3}$

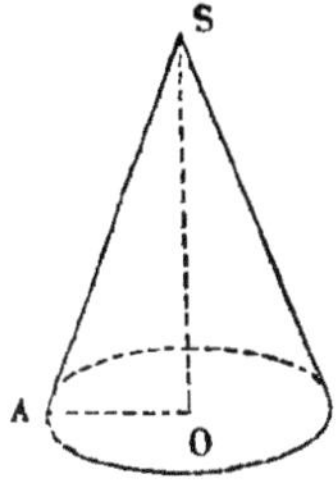

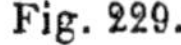
Fig. 229.

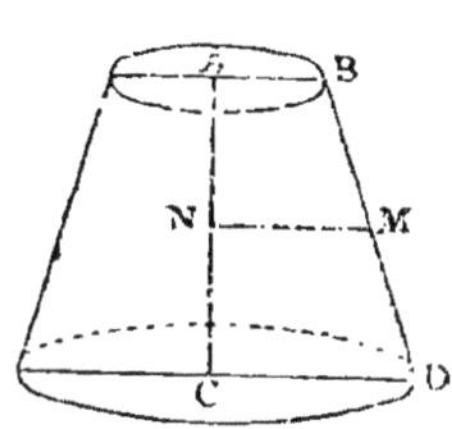

Fig. 230.

Volume du tronc de cône à bases parallèles. — Le tronc de cône peut être assimilé au tronc de pyramide; pour en obtenir le volume, il faut multiplier la hauteur du tronc par la somme de la base inférieure $(3,1416 \times R^2)$, avec la base supérieure $(3,1416 \times r^2)$ et de la base $3,1416 \times R \times r$, puis prendre le tiers du produit. Cela s'exprime ainsi :

$$\frac{3,1416\,(R^2+r^2+Rr) \times H}{3}.$$

Exercice. — Combien de litres d'eau peut contenir un baquet ayant $0^m,30$ de rayon au fond, $0^m,40$ aux bords et $0^m,24$ de profondeur?

Solution. — Le baquet a la forme d'un tronc de cône, et son volume est égal à

$$\frac{3,1416 \times [0,3^2+0,4^2+0,3 \times 0,4] \times 0,24}{3}$$

Or : $0,3^2 = 0,09$ $\quad 0,37 \times 0,08 = 0,0296$

$0,4^2 = 0,16$ $\quad 0,0296 \times 3,1416 = 0,092991$

$0,3 \times 0,4 = 0,12$

$0,37$

$0,24 : 3 = 0,08$

Le baquet contient 93 litres, à très-peu près.

Volume de la sphère. — En supposant que la surface de la sphère, au lieu d'être unie, soit formée d'une infinité de petites facettes, ce qui revient à dire que la sphère est un polyèdre régulier, on peut imaginer un grand nombre de petites pyramides ayant leur sommet commun au centre de la sphère, et pour bases les facettes dont nous parlons. Le volume de la sphère n'est autre que l'ensemble de celui de ces pyramides. Or toutes ces pyramides ont pour hauteur commune le rayon de la sphère : *c'est donc le tiers de ce rayon qu'il faut multiplier par* la somme de toutes les bases, ou *la surface de la sphère, pour obtenir le volume de la sphère.* Ce qu'on représente ainsi

Fig. 231.

$$\frac{S \times R}{3} \text{ ou } \frac{SR}{3}.$$

Nous savons déjà que la surface de la sphère est égale à $4 \times 3{,}1416 \times R^2$, le volume aura donc pour expression

$$\frac{4 \times 3{,}14 \times R^2 \times R}{3} \text{ ou } \frac{4 \times 3{,}1416 \times R^3}{3}.$$

Exercice. — Calculer le volume de l'enveloppe d'une boule creuse ayant 0m,50 de diamètre et 0m,04 d'épaisseur.

Solution. — Le volume de la partie pleine n'est autre chose que la différence entre le volume de la sphère donnée et celui d'une sphère intérieure concentrique dont le rayon aurait, par rapport au premier, l'épaisseur en moins.

Le rayon de la sphère entière étant de 0m,25, son volume sera égal à

$$\frac{4}{3} \text{ de } 0{,}25^3 \times 3{,}14$$

$$0^m{,}25^3 = 0{,}015625,$$

$$0^m{,}25^3 \times 3{,}14 = 0{,}0490625,$$

$$\frac{4}{3} \text{ de } 0{,}0490625 = 0^{mc}{,}065417.$$

De même, le rayon de la partie vide étant de 0m,25 — 0m,04 ou 0m,21, le volume correspondant égale

$$\frac{4}{3} \text{ de } 0^m{,}21^3 \times 3{,}14 = 0^{mc}{,}038773$$

Le volume plein vaut donc :

$$0^{mc},065417 - 0^{mc},038773 = 0,026644.$$

Réponse : 26 décimètres cubes, 644 centimètres cubes.

Volumes semblables; leurs rapports. — Si l'on regarde un diamant avec une loupe, on voit toutes les facettes plus grandes qu'elles ne sont en réalité, mais leur forme n'est pas altérée, elles restent semblables : ce qu'elles étaient en petit, elles le sont en grand. Tous les angles sont restés les mêmes, aussi bien ceux que forment entre elles les arêtes que ceux que forment entre elles les faces, c'est-à-dire les angles plans, dièdres ou trièdres respectifs. Le diamant grossi et le diamant réel sont deux polyèdres semblables.

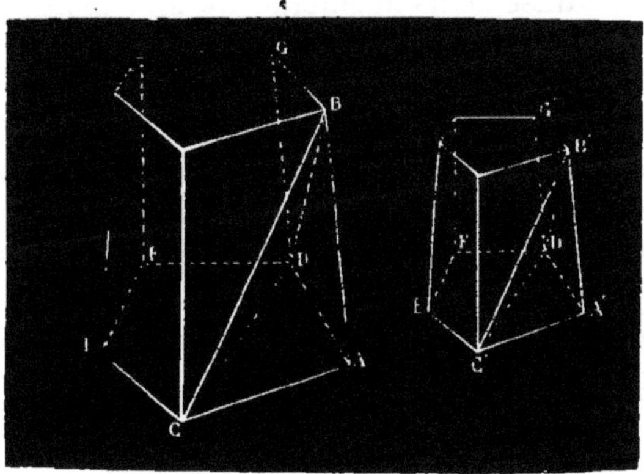

Fig. 232.

Les polyèdres semblables ont donc leurs angles solides égaux chacun à chacun et leurs faces semblables chacune à chacune et semblablement placées. Il en résulte l'égalité des autres angles et la proportionnalité des arêtes.

Deux cubes, deux sphères, sont toujours semblables ; deux cônes sont semblables s'ils ont le même angle au sommet. Si l'on coupe une pyramide par un plan parallèle à la base, la pyramide partielle ainsi obtenue, est semblable à la pyramide totale. Le tronc de pyramide peut être regardé comme la différence de deux pyramides semblables.

Nous avons déjà vu que les volumes de deux cubes sont dans le rapport des cubes de leurs arêtes, de sorte que si l'un a des dimensions dix fois plus petites que celles de l'autre, il en est la millième partie. Ce rapport existe non-seulement entre les arêtes de deux cubes, mais entre les arêtes semblablement placées ou *homologues* de deux polyèdres semblables.

Il en est de même pour les rayons ou les diamètres de deux sphères. Ainsi, le diamètre du Soleil étant 110 fois plus grand que celui de la Terre, le volume du Soleil est 110 × 110 × 110 ou 1,330,000 fois plus grand que celui de notre globe.

Les volumes de deux cônes semblables sont dans le même rapport que les cubes de leurs hauteurs. Un pain de sucre semblable à un autre, c'est-à-dire de même angle, et, par exemple, cristallisé dans le même moule, mais jusqu'à mi-hauteur seulement, a la hauteur 2 fois plus petite, et le volume 2 × 2 × 2 ou *huit* fois plus petit.

Cubage des arbres. — Quand un tronc d'arbre est bien droit et bien régulier, comme le sont ordinairement les peupliers et les sapins, on peut le regarder comme un tronc de cône, et en déterminer le volume ou le *cuber* à l'aide du procédé déjà indiqué.

On obtient ainsi le volume de l'arbre en *grume*, c'est-à-dire revêtu encore de son écorce.

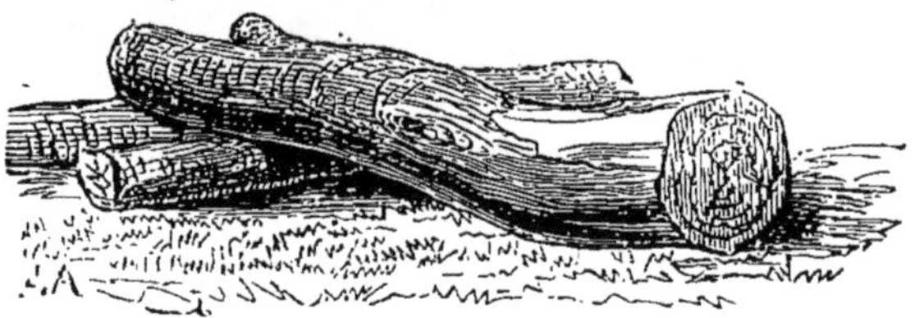

Fig. 233.

En général, les bois de charpente sont cubés par un autre procédé qu'a fourni l'expérience. On évalue le volume de la partie utile seulement, c'est-à-dire de l'arbre dépouillé de son écorce et de l'aubier.

Voici comment on opère :

La circonférence moyenne du tronc, c'est-à-dire celle du milieu de la longueur, ayant été mesurée sans l'écorce, on en déduit la cinquième partie ou la sixième, suivant la qualité du bois, pour tenir compte de l'aubier, et on prend le quart du résultat. Ce quart est élevé au carré, et le résultat multiplié par la longueur du tronc.

On voit que cela revient à assimiler l'arbre, dépouillé d'écorce, à une poutre de grosseur uniforme, à section carrée, dont le pourtour serait de $\frac{1}{5}$ ou de $\frac{1}{6}$ plus petit que la circonférence moyenne de l'arbre.

Exercice. — Cuber, *au sixième déduit*, un arbre dont la circonférence moyenne est de $0^m,96$, et dont la longueur est de $7^m,30$.

Le sixième de $0^m,96$ est de $0^m,16$, lequel, retranché de $0^m,96$, donne 0^m80, dont le quart égale $0^m,20$.

Le carré de $0^m,20 = 0^{mq},04^{dmq}$.

Enfin, $0^{mq},04 \times 7,30 = 0^{mc},292$.

L'arbre *cube* 0^{mc}, 292 décim. cubes.

Jaugeage des tonneaux. — *Jauger* un tonneau, c'est en déterminer la capacité. Là encore, il faut employer des moyens approximatifs. Les tonneaux n'ont pas de forme géométrique constante; les douves sont en effet plus ou moins courbées.

Fig. 234.

D'habitude on assimile un tonneau à un cylindre de même hauteur, dont le rayon serait égal au grand rayon du tonneau pris à la hauteur de la bonde, diminué des $\frac{3}{8}$ de la différence entre ce même rayon et celui du fond.

Exercice. — Les dimensions d'un tonneau sont : Rayon de la bonde : $0^m,46$; rayon du fond : $0^m,38$; longueur : $1^m,05$. Jauger ce tonneau.

La différence entre les deux rayons égale $0^m,46 - 0,^m38 = 0,08$.

Les $\frac{3}{8}$ de $0^m,08 = 0^m,03$.

Le grand rayon, diminué de $0^m,03$, donne $0^m,43$.

Il s'agit d'évaluer le volume d'un cylindre ayant $0^m,43$ de rayon à la base, et $1^m,05$ de hauteur.

En opérant comme nous l'avons déjà fait, on trouve :

$$0^m,43^2 \times 3,14 \times 1^m,05 = 0^{mc}610^{dmc}.$$

Le tonneau jauge 610 litres.

Mesure des volumes par les poids. — Supposons qu'on veuille connaître la capacité d'un vase n'ayant pas une forme géométrique, on ne mesurera pas son volume, mais on le déduira du poids de l'eau que le vase peut contenir, au moyen de la relation qui unit l'unité de poids à l'unité de volume.

Le gramme n'est en effet autre chose que le poids de l'eau contenue dans un centimètre cube. Donc à chaque gramme d'eau répond un volume de un centimètre cube ou à chaque kilogramme répond un litre, ou un décimètre cube.

Une carafe pèse, vide, 525 grammes, et pleine d'eau, 1,450 grammes; elle contient donc 1,450 — 525 = 925 grammes d'eau, et par suite sa capacité intérieure est de 925 millilitres.

Il n'est pas plus difficile de calculer le volume d'un corps quelconque, à l'aide de son poids. Il suffit de savoir ce que pèse un décimètre cube de la substance dont il est formé.

Par exemple je suppose qu'un bloc de fonte pèse 164 kilogrammes; le décimètre cube de fonte pesant 7 kilogr. 2, autant de fois ce poids est contenu dans 164 kilogrammes, autant on a de décimètre cubes de fonte. On voit de la sorte que le bloc a pour volume 164 : 7,2 = 26 décimètres cubes 972 centimètres cubes [1].

RÉSUMÉ.

La géométrie montre comment on évalue les volumes à l'aide de certaines opérations effectuées sur les nombres qui expriment les longueurs de certaines lignes qui font partie du volume à mesurer.

On déduit la mesure de tous les volumes de celle du parallélipipède rectangle.

Le volume d'un cube s'obtient en élevant la longueur de l'arête à la troisième puissance.

[1] Poids spécifique. — Dans l'exemple qui précède, le nombre 7,2 est ce qu'on appelle le *poids spécifique* de la fonte. Le poids spécifique d'un corps se définit de la manière suivante : c'est le rapport du poids d'un certain volume de ce corps au poids d'un égal volume d'eau. Ainsi une substance dont le poids spécifique est 7,2 pèse 7,2 fois plus que l'eau, ou, si l'on veut, 1 décim. cube de la substance pèse 7 kilogr. 2.

Le volume d'un parallélipipède rectangle s'obtient en multipliant la surface de sa base par sa hauteur ou en faisant le produit de ses trois dimensions.

Le volume de tout parallélipipède est égal au produit de la base par la hauteur.

Le volume du prisme triangulaire est égal au produit de sa base par sa hauteur.

Le volume d'un prisme quelconque est égal au produit de sa base par sa hauteur.

Le volume d'un cylindre s'obtient en multipliant la surface de sa base par sa hauteur.

Le volume d'une pyramide est égal au tiers du produit de la base par la hauteur.

Toute pyramide est donc le tiers d'un prisme de même base et de même hauteur.

Le volume du tronc de pyramide est égal au tiers du produit de la hauteur par la somme obtenue en additionnant la base inférieure, la base supérieure et la racine carrée du produit de ces bases.

Le volume du cône est égal au tiers du produit de la base par la hauteur.

Le volume du tronc de cône est égal au tiers du produit de la hauteur par la somme obtenue en additionnant les bases et la racine carrée de leur produit.

Le volume de la sphère s'obtient en multipliant sa surface par le tiers du rayon.

Les polyèdres sont semblables lorsqu'ils ont leurs angles solides égaux chacun à chacun et leurs faces semblables chacune à chacune et semblablement placées.

Les volumes des polyèdres semblables sont entre eux dans le même rapport que le cube de deux dimensions ou arêtes homologues.

TABLEAU DES FORMULES DES SURFACES ET DES VOLUMES.

MESURE DES SURFACES.

Surface du carré $= c^2$ (c, côté du carré).

— du rectangle
— du parallélogramme } $= bh$ (b, base ; h, hauteur).

— du triangle $= \frac{1}{2} bh$.

— du triangle $= \sqrt{p(p-a)(p-b)(p-c)}$. On désigne par p le demi-périmètre, et par a, b, c, les côtés.

— du trapèze $= \frac{1}{2} h (B + b)$ (B, g^{de} base ; b, p^{te} base ; h, hauteur).

Circonférence $= 2\pi R$ (R, rayon ; $\pi = 3{,}1416$).

Surface du cercle $= \pi R^2$.

— de l'ellipse $= \pi ab$ (a, $\frac{1}{2}$ g^d axe ; b, $\frac{1}{2}$ p^{it} axe).

— latérale du prisme droit $= ph$ (p, périmètre de la base ; h hauteur).

Surface du cylindre circulaire $= 2\pi Rh$. (R, rayon ; h, hauteur)

— de la pyramide régulière droite $= \frac{1}{2} pa$. (p, périmètre de la base ; a, hauteur de l'une des faces).

Surface du cône $= \pi Ra$ (R, rayon de la base ; a, côté).

— de la sphère $= 4\pi R^2 = \pi D^2$ (R, rayon ; D, diamètre)

— du tronc de cône $= \pi a (R + r)$ (a, côté ; R et r, les deux rayons).

Surface de la zone $= \pi R^2 h$ (R, rayon de la sphère ; h, hauteur de la zone).

MESURE DES VOLUMES.

Volume du cube $= c^3$ (c, côté ou arête).

— du parallélipipède $= a \times b \times c$ (a, b, c, les trois dimensions), ou $B \times h$ (B, surface de la base ; h, hauteur).

Volume du cylindre $= \pi R^2 h$ (R, rayon ; h, hauteur).

— du cône $= \frac{1}{3} \pi R^2 h$.

— de la sphère $= \frac{4}{3} \pi R^3 = \frac{1}{6} \pi D^3$ (D, diamètre).

— du tronc de pyramide à bases parallèles $= \frac{1}{3} h \left[B + b + \sqrt{Bb} \right]$ (B, grande base ; b, petite).

Volume du tronc de cône à bases parallèles $= \frac{1}{3} \pi h (R^2 + r^2 + Rr)$ (R et r, les deux rayons).

— du tronc de prisme triangulaire $= S \left(\frac{a + b + c}{3} \right)$ (S, surface de la section droite ; a, b, c, arêtes).

APPLICATIONS.

SOMMAIRE : — Généralités. — Moulures. — Plate-bande. — Baguette. — Gorge. — Quart de rond. — Talon. — Doucine. — Scotie. — Courbes diverses. — Ellipse. — Anse de panier. — Ovale. — Ove. — Tangente commune à deux cercles. — Construire une figure semblable à une figure donnée. — Faire un carré équivalent à la somme ou à la différence de deux carrés donnés. — Remarque. — Résumé.

Généralités. — Nous nous proposons de donner dans ce dernier chapitre les applications qui n'ont pu trouver place dans le cours du volume. On a pu remarquer en effet que les applications dont il a été question jusqu'ici se trouvaient être des conséquences en quelque sorte immédiates des théorèmes que nous avons examinés.

Il s'agit, bien entendu, de la résolution de quelques problèmes usuels ou des applications de la géométrie au *dessin linéaire*, c'est-à-dire, comme l'indique le mot linéaire, à l'art de représenter les objets par des *lignes* tracées à l'aide de la règle et du compas.

Considérons, par exemple, la façade d'un édifice ; nous y retrouvons presque toutes les figures élémentaires que nous avons appris à nommer et dont nous connaissons maintenant les propriétés essentielles : lignes droites, angles, triangles, quadrilatères, arcs de cercle, etc., etc.

Les fenêtres seront, la plupart du temps, des rectangles, parfois surmontés de petits frontons en forme de triangle isocèle ; les portes, des rectangles encore, souvent avec une partie supérieure en voûte demi-circulaire. Les lignes de la façade sont presque toutes ou horizontales ou verticales, c'est-à-dire menées suivant deux directions perpendiculaires.

Pour reproduire ces diverses parties de l'édifice à l'aide des instruments de dessin, il faudra donc, tantôt mener des perpendiculaires, tantôt tracer un rectangle dont on connaît la base et la hauteur, tantôt faire passer un cercle par des points déterminés ; en un mot, résoudre les différents problèmes de géométrie dont nous avons donné la solution.

Les principes énoncés dans les chapitres qui précèdent sont suffisants et permettent d'effectuer les constructions usuelles du dessin linéaire.

Moulures. — Les murs de nos maisons ne sont pas unis ; à diverses hauteurs se trouvent des ornements dont les uns encadrent les portes et les croisées, les autres, comme les corniches, règnent sur toute l'étendue de la façade, d'autres forment les frontons qui couronnent l'édifice. Les panneaux des portes, les meubles, les cheminées, etc., sont ornés de la même manière. Ces ornements, formés de parties en relief ou en creux, ou quelquefois des unes et des autres, se nomment des *moulures*.

Plate-bande. — Il y a des moulures plates ou planes, d'autres arrondies, d'autres enfin composées. Les moulures planes ou *plates-bandes* sont simplement des rectangles en saillie sur le mur. S'il y a plus de hauteur que de saillie, c'est une plate-bande proprement dite ; s'il y a autant de hauteur que de saillie, c'est un *filet* ou *listel*.

Fig. 235.

Dans les figures ci-jointes *les moulures* sont représentées vues par côté, ou, comme on dit, de profil. Il en sera toujours ainsi dans les explications qui vont suivre, car les moulures sont en réalité des corps solides, et ce que nous allons dire, il faut l'entendre, non de la moulure elle-même, mais de son profil.

Baguette. — Parmi les moulures arrondies, on distingue la *baguette*. Vue de face, elle offre deux lignes parallèles réunies par deux demi-circonférences. Pour la tracer, on divise en deux parties égales l'intervalle compris entre les deux parallèles. On obtient ainsi le rayon de la demi-circonférence. Le centre se trouve sur la perpendiculaire aux deux parallèles qui figure le plat du mur ou de l'objet.

Fig. 236.

Gorge. — La *gorge* est en creux ce que la baguette est en relief. Le centre est au même point, le rayon est le même, mais on trace l'autre demi-circonférence.

C'est dans la gorge d'une poulie que s'engage la corde.

Quart de rond. — Le *quart de rond*, son nom l'indique, est le quart d'un rond ou d'une circonférence. Il peut être *droit* ou *renversé, saillant* ou *rentrant*. Dans ce dernier cas il porte le nom de *cavet* (fig. 237).

Fig. 237.

Le rayon du quart de rond est égal à l'intervalle compris entre les parallèles qui le limitent. Le centre est sur l'une ou l'autre des parallèles. Le filet supérieur doit être en saillie.

Fig. 238.

Talon. — Le *talon* est une moulure arrondie demi-saillante, demi-rentrante. Le profil est formé de deux quarts de rond raccordés, ce qui forme une courbe continue.

Le talon est *droit* ou *renversé.*

Fig. 239.

Les deux centres sont le plus souvent sur une même verticale, l'un sur la ligne supérieure, l'autre sur la ligne inférieure. Le rayon est égal à la demi-distance des deux parallèles entre lesquelles se trouve le talon.

Doucine. — La *doucine* est une sorte de talon couché.

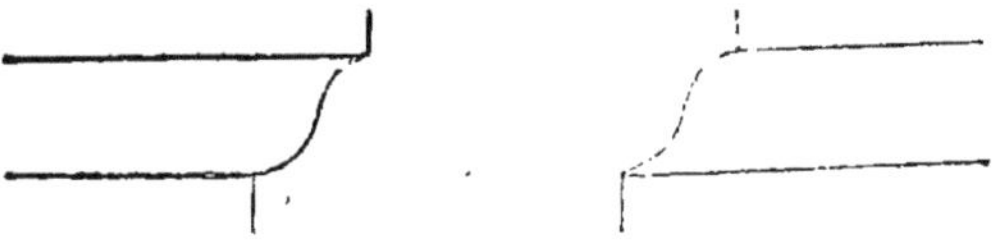

Fig. 240.

Les centres sont sur une même ligne horizontale à égale distance des deux parallèles.

La doucine est *droite* ou *renversée* selon que la partie saillante est en bas ou en haut.

Scotie. — La *scotie droite* ou *renversée* est une sorte de gorge formée de deux courbures de rayons différents. L'un des rayons est généralement double de l'autre. Dans ce dernier cas, on divise l'intervalle des parallèles en trois parties égales, et on place les centres C et E sur la parallèle BC menée au tiers de l'intervalle, tantôt à partir du haut, tantôt à partir du bas.

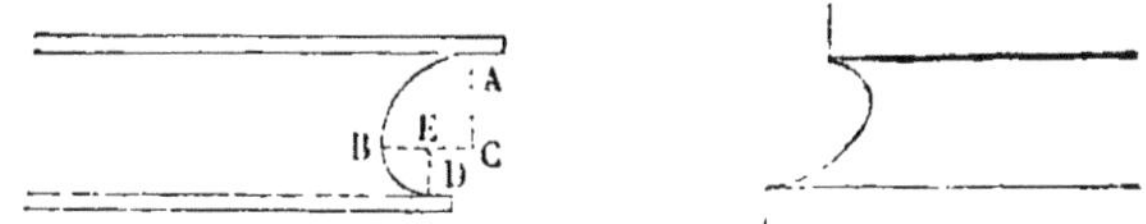

Fig. 241.

On voit, à l'inspection de ces figures, qu'elles sont des applications de ce qui a été dit à propos du raccordement de deux arcs ou d'un arc et d'une droite.

Les corniches qui ornent les édifices ne sont pas des moulures isolées, mais les diverses moulures que nous venons de passer en revue, groupées de manière à former un ensemble harmonieux.

Courbes diverses. — Dans bien des cas, on se sert d'arcs de cercle raccordés, pour dessiner d'une manière approximative des lignes courbes dont le tracé exact est ou trop long ou trop difficile.

Ellipse. — Nous savons déjà comment on trace une ellipse sur le terrain à l'aide d'un cordeau fixé par ses deux extrémités. Sur le papier le cordeau est remplacé par un fil. On peut encore se proposer de trouver un certain nombre de points de la courbe, puis, à l'aide d'un crayon, de réunir ces points d'un trait continu.

Dans ce but, ayant uni par une ligne droite les deux points F et F' ou *foyers*, dont les distances à un point quelconque de la courbe doivent avoir une somme constante et donnée, on prend sur FF', de part et d'autre du milieu O, deux longueurs OA, OB, égales à la moitié de la somme donnée, de sorte que AB égale la somme.

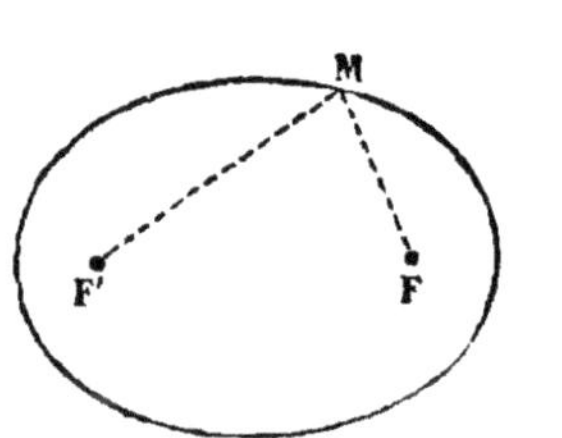

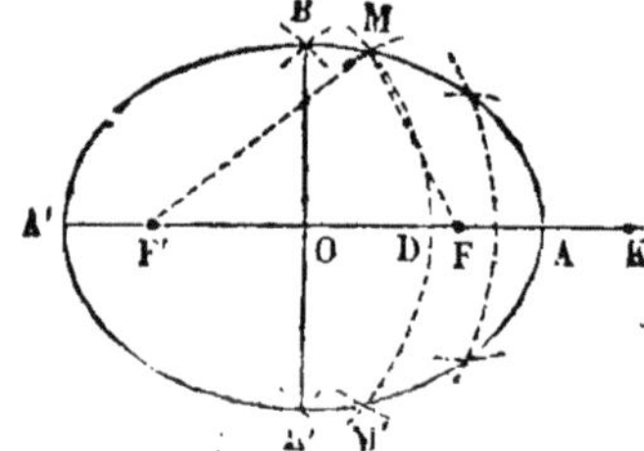

Fig. 242.

Cela fait, prenant une ouverture de compas égale à une portion quelconque AC de AB, on décrira, du point F, puis du point F' comme centre, des arcs de cercle au-dessus et au-dessous de AB. Il en sera ainsi tracé quatre. Avec ce qui reste de AB ou CB, on décrira de même quatre arcs de cercle qui couperont les précédents en des points qui appartiennent à l'ellipse.

En effet, pour le point M, par exemple, avec MF = rayon AC; MF' = rayon CB; MF + MF' = AC + CB = AB ou la somme donnée.

En divisant AB en deux parties de diverses façons, on obtiendra autant de points de l'ellipse qu'on le voudra, et par conséquent on pourra en dessiner le contour avec autant de précision qu'il sera nécessaire.

La ligne AB s'appelle le *grand axe.* Il a un second axe, *le petit axe*, perpendiculaire au premier, et qui mesure la largeur de l'ellipse comme le grand axe en mesure la longueur.

Anse de panier. — Dans les voûtes surbaissées, c'est-à-dire plus larges que hautes, on substitue à l'ellipse une ligne nommée *anse de panier*, formée d'arcs de cercles raccordés.

Il y a plusieurs manières de la tracer; la plus simple ne nécessite que la connaissance du grand axe, ou de la largeur de la voûte, si c'est d'une voûte qu'il s'agit.

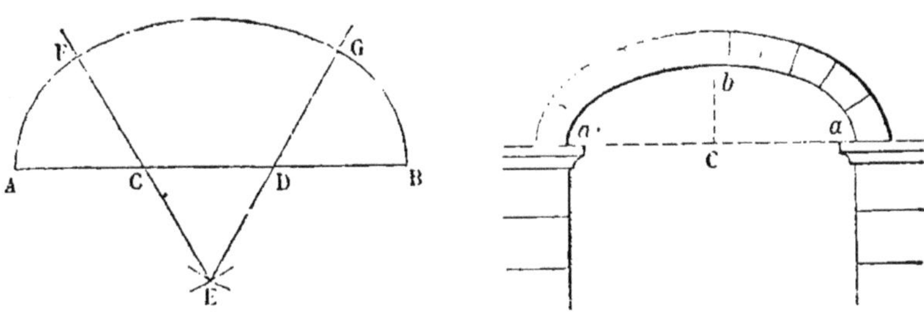

Fig. 243.

L'axe AB étant donné, divisez-le en trois parties égales AC, CD, DB; des points C et D décrivez deux circonférences ayant le tiers de l'axe pour rayon; ces deux circonférences se coupent en E : joignez ED et prolongez, EC et prolongez, puis du point E comme centre décrivez l'arc de cercle FG se raccordant avec les circonférences déjà décrites. Les arcs successifs AF, FG, GB forment l'anse de panier.

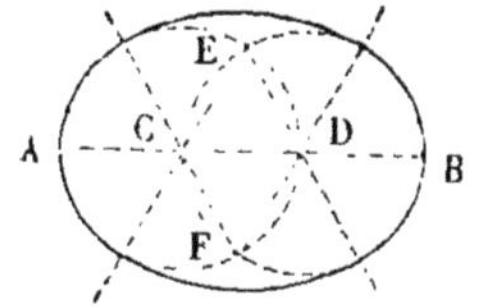

Fig. 244.

Ovale. — Si l'on répète au-dessous de AB ce qu'on a fait au-dessus, on obtient une courbe fermée composée de deux anses de panier symétriques et connue généralement sous le nom d'*ovale*.

Ove. — On distingue l'*ove* de l'ovale, bien que ces deux noms aient la même origine et rappellent une courbe qui imite la forme d'un œuf.

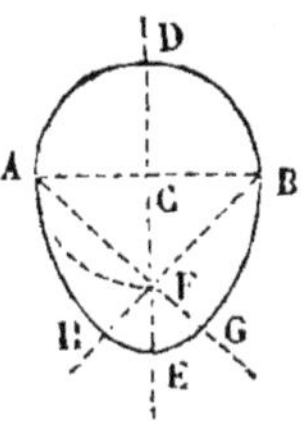

Fig. 245.

L'ove se compose d'une demi-circonférence ADB et de trois arcs de cercle.

Pour tracer l'ove, on élève au milieu du diamètre AB une perpendiculaire, sur laquelle on prend CF = AC : par les points A et B on mène les droites AF, BF, qu'on prolonge. Puis, des points A et B comme centres avec un rayon égal à AB, on décrit les arcs

BG, AH. On n'a plus alors qu'à joindre les extrémités de ces arcs par un troisième arc de cercle, décrit du point F comme centre avec HF ou FG pour rayon.

Tangente commune à deux cercles. — Une ligne droite tangente à la fois à deux circonférences est leur *tangente commune.*

Si l'on trace deux cercles sur le papier, et que l'on promène une règle sur la feuille en l'arrêtant lorsque son bord touche en même temps les bords des deux circonférences, on s'assure aisément que la règle peut être tangente commune, dans quatre positions différentes. Dans les deux premières, la règle laisse les cercles d'un même côté; dans les deux autres, elle passe entre les cercles.

Ainsi, en général, lorsque deux circonférences sont extérieures, il existe quatre tangentes communes, deux *extérieures*, deux *intérieures*.

Pour mener aux circonférences dont les centres sont en O et

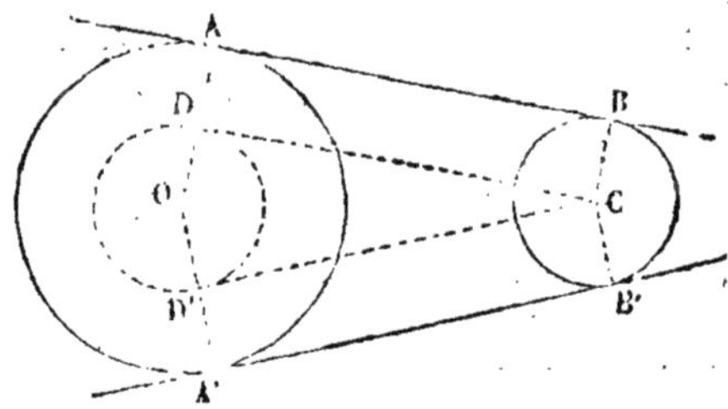

Fig. 246.

en C les tangentes communes extérieures ; du centre O de la plus grande, décrivez une circonférence ayant pour rayon OD égal à la différence des rayons OA et CB. Du centre C du petit cercle, menez deux tangentes CD, CD' à la circonférence auxiliaire, abaissez sur ces tangentes les perpendiculaires OD, OD' et prolongez jusqu'à la rencontre de la grande circonférence, en A et A' ; ce sont les points de contact des tangentes communes.

Pour avoir ces points sur la petite circonférence, menez les rayons CB, CB', parallèles à OA et OA'. Il n'y a alors qu'à joindre AB et A'B'.

On remarquera que les deux circonférences données peuvent être sécantes. La construction ne change pas. Si les deux circonférences sont intérieures, il est clair qu'elles n'ont pas de tangente commune.

Pour mener les tangentes communes intérieures, décrivez, du centre O de la plus grande, une circonférence ayant pour

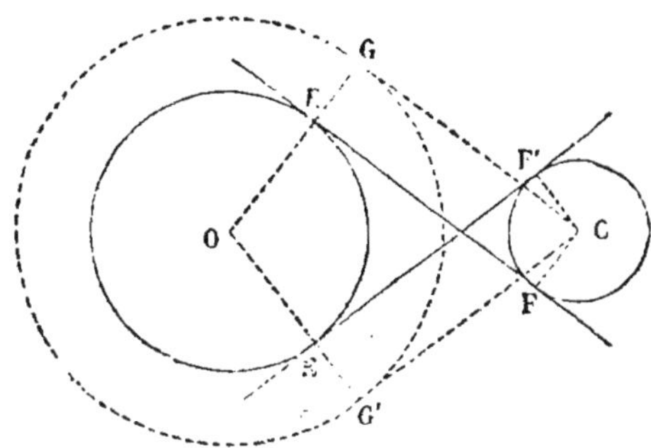

Fig. 247.

rayon OG égal à la somme des rayons OE + CF, menez à cette circonférence auxiliaire deux tangentes émanées du point C, abaissez sur ces tangentes les perpendiculaires GO, G'O : les points E et E' où ces droites rencontrent la première circonférence sont les points de contact des tangentes communes.

Pour avoir les points de contact sur la petite circonférence, menez les rayons CF, CF' parallèles à OE et à OE'.

Il n'y a plus qu'à joindre EF et E'F'.

On remarquera que si les deux circonférences données sont sécantes, elles n'ont plus de tangentes communes intérieures.

Construire, sur une ligne donnée, un polygone semblable à un polygone donné. — La ligne *cd*, par exemple (fig. 248), devant servir à représenter le côté CD du polygone ABCDE, tracer le polygone *abcde* semblable à ABCDE.

Menez, dans le polygone déjà tracé, les diagonales CA, CE qui partent du point C, et les diagonales DA, DB qui partent du point D. Puis, à l'aide de l'équerre, menez, du point *c*, les parallèles *cb*, *ca*, *ce* à CB, CA, CE, et du point *d* les parallèles *de*, *da*, *db*, à DE, DA, DB. Les sommets du polygone demandé se trouveront marqués; *b* répondant à B par la rencontre

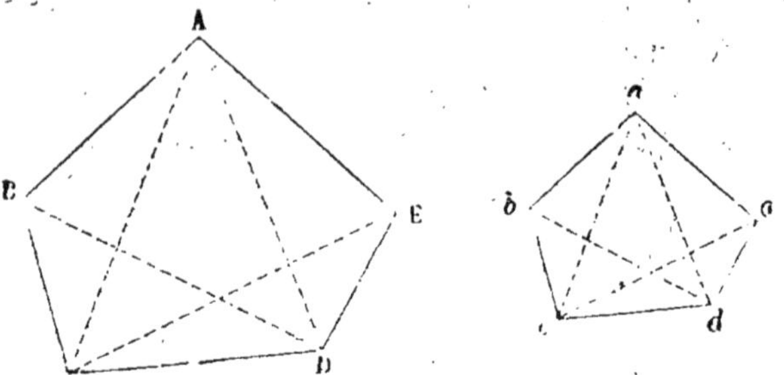

Fig. 248.

de *cb* et *bd* répondant à CB et DB, *a* par la rencontre de *ca* et *da* répondant à CA et DA, etc.

Il reste à joindre *ba* et *ae*.

Faire un carré équivalent à la somme ou à la différence de deux carrés donnés. — On a deux carrés *abcd* et *fghe*, on demande d'en construire un troisième dont la surface égale la somme de leurs surfaces.

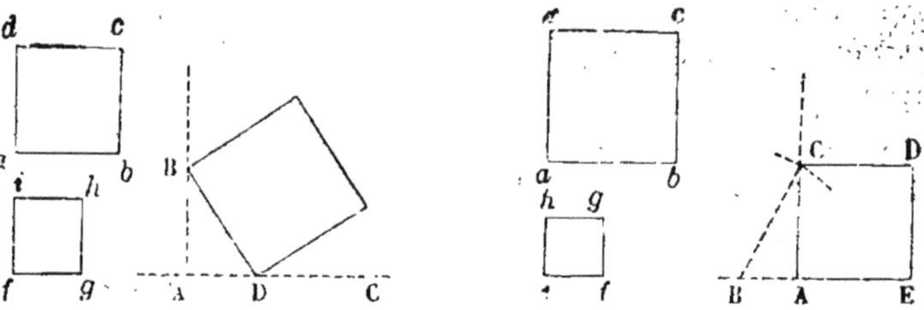

Fig. 249.

Il suffit, pour résoudre le problème, de tracer un triangle rectangle ayant pour côtés de l'angle droit AB, AD, côtés des deux carrés donnés. Nous savons que l'hypoténuse BD sera le côté du carré cherché, puisque le carré de l'hypoténuse égale la somme des carrés des côtés de l'angle droit.

Pour trouver le côté du carré dont la surface serait la différence entre *abcd* et *efgh* on prendrait le côté du plus grand comme hypoténuse, et le côté du plus petit comme côté de l'angle droit d'un triangle rectangle. Le deuxième côté de l'angle droit serait le côté du carré cherché.

Maintenant, pour construire le triangle rectangle connaissant un côté de l'angle droit et l'hypoténuse, on opérerait ainsi : ayant tracé les perpendiculaires AB et AC, et pris AB = *cf*, placez la pointe du compas en B, et, avec un rayon égal à l'hypoténuse *ab*, décrivez un arc de cercle qui coupera la perpendiculaire AC au point C. Le triangle ACB est rectangle, et AC est le côté d'un carré dont la surface est égale à celle du carré construit sur BC moins celle du carré construit sur AB.

Remarque. — Le procédé ne changerait pas si l'on demandait de faire une figure quelconque, semblable à deux figures données, et équivalente soit à leur somme, soit à leur différence.

Ainsi, pour faire un hexagone régulier équivalent à la somme de deux hexagones réguliers connus, il suffira de prendre pour côté du polygone demandé l'hypoténuse d'un triangle rectangle ayant pour côtés de l'angle droit les côtés respectifs des deux hexagones connus.

Pour tracer un cercle équivalent à la différence de deux cercles donnés, on prendrait le rayon du plus grand comme hypoténuse, celui du plus petit comme côté de l'angle droit d'un triangle rectangle dont le second côté de l'angle droit serait le rayon de la circonférence à tracer.

FIN.

TABLE DES MATIÈRES

BIBLIOTHÈQUE NATIONALE R.F. IMPRIMÉS

Sceaux. — Imp. et stér. M. et P.-E. Charaire.

A LA MÊME LIBRAIRIE

COURS DE GÉOGRA…

Par M. E. LEVASSEUR

Membre de l'Institut, Professeur au Collège de France

PETIT COURS DESTINÉ AUX ÉCOLES PRIMAIRES

PETIT RÉSUMÉ DE LA GÉOGRAPHIE… avec figures et cartes coloriées, 1 vol. in-12, cart…

PREMIÈRES NOTIONS SUR LA GÉOGRAPHIE… mentaire des écoles primaires, avec vignettes… dans le texte. 1 vol. in-12, cart…

— *Le même*, avec vignettes et cartes en noir. 1 vol. in-12, cart…

Ouvrage adopté pour toutes les écoles du département de la Seine.

PETITE GÉOGRAPHIE DE LA FRANCE ET DE SES C… avec vignettes intercalées dans le texte. 1 vol. in-12, cart…

ATLAS CORRESPONDANT, 8 planches contenant 22 cartes… tirées en cinq couleurs, in-4o, cart…

GÉOGRAPHIE DES ÉCOLES PRIMAIRES. 1 vol. in-12, cart…

ATLAS CORRESPONDANT, 31 cartes coloriées, in-12, cart…

COURS MOYEN, ENSEIGNEMENT PRIMAIRE SUPÉRIEUR

GÉOGRAPHIE DES CINQ PARTIES DU MONDE, avec… dans le texte. 1 vol. in-12, cart…

GÉOGRAPHIE DE LA FRANCE ET DE SES COLONIES, avec… tercalées dans le texte. 1 vol. in-12, cart…

ATLAS CORRESPONDANT, 8 planches contenant 22 cartes et 16 cartons… tirées en cinq couleurs. In-4o, cart…

Ces deux ouvrages sont réunis sous le titre de :

MANUEL DE GÉOGRAPHIE. 1 vol. in-12, cart…

ATLAS CORRESPONDANT, 40 cartes coloriées. In-12, cart…

PETITE GÉOGRAPHIE ILLUSTRÉE. 1 vol. in-12, cart…

GÉOGRAPHIE DE LA FRANCE ET DE SES COLONIES… intercalées dans le texte, suivie de cinq cartes coloriées. 1 vol. in-12…

Ces deux ouvrages sont adoptés pour toutes les écoles du département de la…

COURS COMPLET

LA FRANCE AVEC SES COLONIES. — Géographie et statistique… en onze parties : le climat, le sol, la politique, l'agriculture, l'industrie… merce, les grandes villes, la revue des provinces, les colonies… la population. In-12, cart., avec figures…

ATLAS CORRESPONDANT, comprenant 27 cartes coloriées. In-12, cart…

L'EUROPE (MOINS LA FRANCE). — Géographie et statistique… neuf parties : la géographie physique, les révolutions de l'Europe… tanniques, les Pays-Bas, l'Europe centrale, l'Europe méridionale… les États scandinaves, la comparaison des forces productives. In-12… figures…

ATLAS CORRESPONDANT, comprenant 34 cartes coloriées. In-12, cart…

LA TERRE (MOINS L'EUROPE). — Géographie et statistique… neuf parties : la planète et son atmosphère, l'Océan, les découvertes… l'Asie, l'Océanie, l'Amérique du Nord, l'Amérique du Sud… In-12, cart., avec figures…

ATLAS CORRESPONDANT, comprenant 32 cartes coloriées. In-12, cart…

Ces trois ouvrages sont réunis sous le titre de :

GÉOGRAPHIE PHYSIQUE, POLITIQUE, ÉCONOMIQUE… fort vol. in-12, cart…

ATLAS CORRESPONDANT, … cartes coloriées. 1 vol. in-12, cart…

GÉOGRAPHIE PHYSIQUE, extraite des cours précédents…

ATLAS CORRESPONDANT. 1 vol. in-12, cart…

www.ingramcontent.com/pod-product-compliance
Ingram Content Group UK Ltd.
Pitfield, Milton Keynes, MK11 3LW, UK
UKHW022105190726
13855UKWH00002B/658

9 782013 034258